科學素養

科学の考え方・学び方

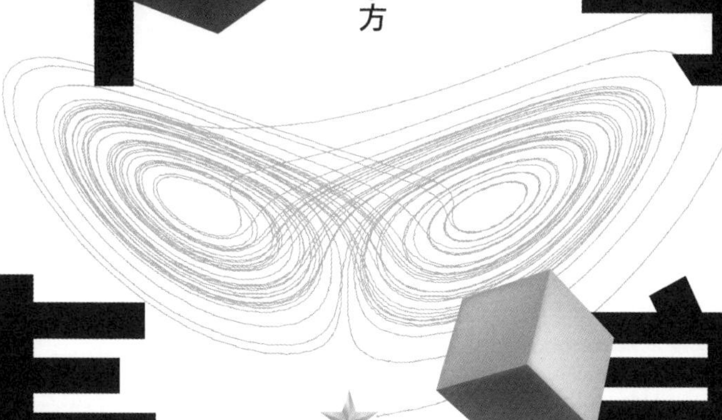

看清問題的本質、分辨真假，學會用科學思考和學習

池內了（Satoru IKEUCHI）

李友君 譯

自由學習 20

科學素養：
看清問題的本質、分辨真假，學會用科學思考和學習

作　　者　池內了（Satoru IKEUCHI）
譯　　者　李友君
封面設計　陳文德
內頁排版　唯翔工作室
企畫選書
責任編輯　文及元
行銷業務　劉順眾、顏宏紋、李君宜

總 編 輯　林博華
事業群總經理　謝至平
發 行 人　何飛鵬
出　　版　經濟新潮社
115台北市南港區昆陽街16號4樓
電話：+886(2)2500-0888　傳真：+886 (2)2500-1951
經濟新潮社部落格：http://ecocite.pixnet.net
發　　行　英屬蓋曼群島商家庭傳媒股份有限公司城邦分公司
115台北市南港區昆陽街16號8樓
客服服務專線：+886(2)2500-7718；+886(2)2500-7719
24小時傳真專線：+886(2)2500-1990；2500-1991
服務時間：週一至週五上午09:30-12:00；下午13:30-17:00
劃撥帳號：19863813；戶名：書虫股份有限公司
讀者服務信箱：service@readingclub.com.tw
香港發行所　城邦(香港)出版集團有限公司
香港九龍土瓜灣土瓜灣道86號順聯工業大廈6樓A室
電話：(852)25086231　傳真：(852)25789337
E-mail: hkcite@biznetvigator.com
馬新發行所　城邦(馬新)出版集團Cite(M) Sdn. Bhd. (458372 U)
41, Jalan Radin Anum, Bandar Baru Sri Petaling,
57000 Kuala Lumpur, Malaysia.
電話：+6 (3) 90563833 傳真：+6 (3) 90576622
E-mail: services@cite.my
印　　刷　漾格科技股份有限公司
初版一刷　2018年4月17日
二版一刷　2024年12月12日

城邦讀書花園
www.cite.com.tw

ISBN：978-626-7195-82-6、978-626-7195-85-7（EPUB）

定價：360元

目次

科學素養

前言

圍繞科學的重大事件

一九九五年，在日本發生各種重大事件，包括阪神淡路大地震（按：一九九五年一月十七日清晨，日本關西發生芮氏規模七點三強震，死亡人數達六千四百多人，傷者約四萬四千人）、奧姆真理教風波（按：一九九五三月二十日上午，多名奧姆真理教教徒於東京地下鐵五班列車上散布沙林毒氣〔Sarin〕，造成十三人死亡，傷者約六千四百人，稱為「東京地鐵沙林毒氣事件」），以及快中子增殖反應爐「文殊」（Monju Nuclear Power Plant；按：位於日本福井縣敦賀市，是科學研究用途的核反應爐，隸屬日本核能研究開發機構〔JAEA，Japan Atomic Energy Agency〕。以鈽鈾混合氧化物〔MOX〕為燃料，鈾〔Uranium〕吸收中子之後成為鈽〔Plutonium〕，做為核燃料循環利用。一九九五年二度發生液態鈉冷卻劑外洩事故，目前停止運轉，預計廢爐）的事故。每起事件當時都讓報紙和電視議論紛紛，探討科學和技術的真面目，科學家應該採取的態度，以及科學教育的實際情況。我們藉由科學的成果過著富足的生活，科學本身並非萬無一失，這些事件清楚說明，我們活在意外脆弱的基礎之上。另外，現在許多人發現倘若誤用科學，就會無動於衷地殺人，最後人類將會走向滅亡。科學的優點和缺點在此同時展現。大眾對科學愛恨交織，這種經驗或許是人類史上頭一遭。

科學這枚硬幣的正與反

十九世紀的工業革命肇因於牛頓力學（Newtonian mechanics）和熱力學（thermodynamics），透過熱機（heat engine）的發明來製造及加工巨觀物質。這成了鋼鐵、汽車和其他「重化工」產業的基石，讓以往仰賴人力和馬力的生活為之一變。現代生產力的基礎也承繼於此。

邁入二十世紀後，原子和分子的微觀世界定律（量子力學）揭曉，電子技術飛躍發展。

電腦和半導體元件用在所有的電器產品上，「輕薄短小」的產業發展起來。藉由同樣的方式也能將生命世界的定律參透到基因的程度，基因操縱產業化的時代近在眼前。二十世紀號稱「科學的世紀」，科學這一百年來的進步的確偉大。我們不但獲得這些成果，還過著前所未有的富足生活，早就無法想像沒有科學的日子。

然而，這只是硬幣的其中一面。原子的研究進一步研究到位於原子中心的原子核，企圖運用潛藏在其中的巨大核能能量。首先是要研究核彈和氫彈，而後則是核能發電。由於核子武器的開發競爭，使得核彈製造出來，足以殺害世界上的人類好幾次。要是發生核戰，地球會被地面掀起的塵土所覆蓋，溫度會下降，可想而知人類會活不下去（「核子冬天」）。再者，從核能發電產生的放射性廢棄物仍然還找不到處置方法，只會愈積愈多。

另外，開發和洗淨半導體元件用的藥品和氟利昂（Freon）該怎麼處置也是個問題。這些東西會汙染海洋和河川，破壞大氣層當中的臭氧層。石油燃燒持續拉長，導致空氣中的二氧化碳增多，也讓人擔心「溫室效應」會不會造成地球暖化。隨著產業發展及生產力提升，人類逐漸明白地球這個環境並非取之不盡。再者，基因操縱技術可望在二十一世紀正規化，無法預估這會讓生命世界掀起怎樣的變化。我們因為科學的進步而抱持很大的不安，我認為這種對未來的不安，就是現在猜疑科學的根源。

科學的「偏食」

強烈「依賴」和「猜疑」科學的矛盾情感，導致年輕族群廣泛對超能力和超科學心生嚮往。自己下不了決心的事情就仰賴占卜、天啟、通靈和大預言之類的法門，相信物理上不可能出現的空中飄浮和瞬間移動，思考沒有實體的守護靈和靈氣是否存在。為什麼這種心理會在「科學的時代」中蔓延呢？想必是因為「超越」現代科學的幻想，能夠消除對未知的不安，同時還可以藉由逃遁到神祕的天地中獲得「安全感」，就算沒有想得更深入也能心滿意足。

當然，原因不只在於科學，還有時代背景。人們身處在以學歷決定將來，必須服從與獻身於公司和主管的現在，實在很難看出變化的可能性。從歷史的眼光來看，每逢混沌看不清將來的時代來臨，以超能力為幌子的宗教就會蔚為流行。現在也不例外。

然而，過去和現在有個明顯的不同。答案當然是「科學」。我們生活在現代，多多少少學過科學的觀念和方法。過於荒誕無稽的邏輯沒有人會相信（當然，如果受到洗腦，教祖說什麼都會深信不疑）。將教團的名字加上「科學」或「真理」，這就表示為了推廣自己的宗教，至少必須要假裝「很科學」。換句話說，現代社會要透過掌握基礎科學素養的人來運作，這一點和以往大不相同。

不過有個問題。科學的內容離日常生活太遠，又很困難，因此會覺得自己無法搞懂。專家既不會幫忙解說到淺顯易懂的程度，就算看了書，困難的算式也會冒出來。儘管擁有了解科學的根底，科學卻漸行漸遠。說不定之後會心生厭惡，明明能吃卻不吃，變得「偏食」。這實在很可惜，難得有美食當前卻視若無睹。

未來取決於「科學的智慧」

我認為要消除對科學的「猜疑」和對未來的「不安」，第一步就在於讓科學更親近（光是埋怨「不安」，什麼也不會改變）。要解決現在地球上造成的各種矛盾，果然還是必須仰賴科學的力量。換句話說，就是要循序漸進地思考我們現在背負的問題本質是什麼，用哪種方式可以解決。

就算重視科學的力量，但若給病人連續打針，導致病情更加惡化也不行。首先必須要從每個角度探討一個又一個問題，所以不能由專業科學家代勞。每個民眾要用自己的頭腦思考、陳述意見，藉此釐清專家看不到的面向。

以前會以治療疾病為名，未經當事人同意就進行人體實驗。或是就算知道納粹並未製造原子彈，也推動曼哈頓計畫（Manhattan Project；按：美國在二戰期間研究核武的計畫），科學家還會持續協助（以「納粹或許先製造出原子彈」為由啟動曼哈頓計畫）。假如專家覺得自己面對的問題很有趣，往往會熱衷於研究，完全不管能否提供解決之道。要阻止這種現象，就要了解科學的內容，還要有足夠的智慧判斷理論化為現實之際，將會引發什麼樣的情況。這種專家和民眾的交互作用必定能夠開創光明的未來，需要民眾認識科學的思考法和進行法。

要是維持現在的消費結構和能源運用模式不變，恐怕還沒過一百年，地球就會陷入困境。地球環境荒廢並非資源和能源不夠，而是使用過度。那我們該把生活變成什麼樣子？用什麼方法才能達成目標？

要回答這個問題沒那麼簡單，我們必須以智慧協商。當然，國內也好，地區也好，都必須獲得各方同意。為此到底需要拿出什麼樣的辦法？我認為應該運用手邊的資料預測未來。什麼能做，什麼不能做，選擇某條道路會導致什麼結果，能夠容許到什麼地步，能夠從哪個著眼點接納，這類預測需要由世界各國的眾人按部就班慎重探討，達成共識後再行動。這時科學的力量就可以發揮作用。過去，強國的邏輯會透過戰爭硬壓在別人身上，「科學的智慧」則不是這種暴力，而會逐步決定世界的未來。

本書的內容

這本書首先是回顧我成為科學家的契機，同時想要歸納科學的觀念和方法有什麼特徵，以及產生什麼樣的變化。科學的原點在於個人的好奇心，終究只是一己的行為。最後還是要在與社會的連結之中，孕育出專門觀測和測量的工作，隨著大學的興辦將知識集中起來。透過這個過程，以科學研究為專業的「科學家」誕生了。科學家的職業就此定調，科學的力量藉由國家獲得認可之後，進行科學研究的方法就產生質變。科學脫離以往的個人活動領域，像現在一樣成了靠稅金營運的公眾活動。當然，就算發生這樣的變化，思考和進行科學研究的方法基本上也不會更動。

因此，我想回顧科學如何誕生的歷史，再觀察現在進行科學研究的方法，同時思考科學與技術，技術、社會與人類的關係。如今科學支出大量的資金，確立在科學研究的現場培育人才的系統，這將會產生什麼問題？別人期待科學家扮演什麼角色？另外，科學家對社會要付什麼樣的責任？這項問題在思考二十一世紀的科學、社會及地球時都相當重要。

我專攻物理學，這本書常會談到物理學和宇宙相關的話題，但在說明時則花了心思，假如是對科學稍微感興趣的人，哪怕是喜歡生物和化學也能了解。另外，我希望想要進入文組科系的人也可以讀這本書。科學是嚴密的思考，也是「看見『看不見』的東西」的絕妙方法。本來無論是文組或理組（高中實施這種分科法實在是一大錯誤），每個人都該學習科學的觀念。期盼這本書能夠幫助肩負二十一世紀重責大任的各位讀者，透過「科學的智慧」開拓新世界。

第一章

我心目中的科學

我成為科學家的原因

宇宙的研究

我研究過的領域有恆星演化、銀河構造和演化，以及其他存在於宇宙的天體如何形成和如何演化的問題。重力（牛頓〔Isaac Newton〕發現的萬有引力）總是會作用於天體。天體為了存在於這個宇宙之內，也常要施展反制重力的力量，否則天體就會被自身的重量瞬間摧毀。比方說，假設星球的內部是超過一千萬度的高溫，沒有因為這份壓力而毀滅。接著熱能從內部往外流出，然後星星就發光了。除非向外持續散發能量，否則星星就會變老。換句話說，星星是會演化的。基於同樣的理由，不只是星星，所有的天體都會演化。既然會演化，就會有開始（誕生、起源），有結束（死亡）。這種宇宙的研究就是在調查天體從誕生到死亡的一生。

起初我在研究恆星演化的最終階段，後來就轉而研究星辰密集的銀河，現在則是在研究銀河散布的宇宙，隨著經驗在不知不覺中累積，研究對象也從小型天體變成大型天體。雖然興趣轉移自然會改變研究對象，不過這也是整個天文學的潮流。或許我也在追逐流行，另一方面，也是為了尋找別人還沒做過的問題。其實這是我研究科學的方法之一。

研究者分為「微分型」和「積分型」

研究人員大致可分為兩種類型，我稱之為「微分型」和「積分型」。「微分型」是反覆思考問題的細節，憑藉優越的技術解決疑問和困難。相形之下，「積分型」則是透過更廣的觀點展望問題，思考應該前進的方向和全局的整合性。或許前者可以說是「蟲眼」，後者則是「鳥眼」。擁有兩種視角的研究人員的確很有能力，但這樣的人很罕見，通常無論再怎麼努力，擅長的方法都會偏向其中一邊。

我屬於後者的積分型，會觀察研究的流程，同時思考別人還沒注意的問題，以及日後似乎會變得重要的問題。由於解決個別問題的能力很弱，因此我和「微分型」的研究人員競爭時會落敗。一般來說，「微分型」的人數學能力和直覺相當優秀，總是讓我感到自卑。每當開始談論某個問題時，我就要花時間思考，途中就跟不上了。剛開始這件事讓我相當煩惱，不過，後來就覺得這只是每個人思考和做事的方法不同。我要尋找適合自己的問題。

像這樣兩種類型的觀念和視角不只限於研究，課堂的活動也好，用功的方法也好，有些人會牢牢掌握部分重點，有些人則會先觀察整體情況。每個人都有擅長或不擅長的領域和做法，這跟頭腦好壞一點關係都沒有。一旦自己認定不擅長的就是頭腦差，多半就不會再努力了。關鍵在於要努力找出自己擅長的地方。

天文少年？

每逢談到我在研究宇宙的課題時，別人往往會問我：「你從小時候就喜歡星星嗎？」實際上，許多人是從小時候用望遠鏡看星星，就這樣研究起天文學來。所以，從別人看來，天文學家就是「從小時候就追逐夢想的幸福之人（怪人？）」。

這時我會回答：「很遺憾，我不是那種浪漫的人。就連現在我都沒用望遠鏡，是個連星座名稱都不知道的天體物理學家。」也有很多以前並非天文少年，沒有做過天文觀測的天文學家。所以我們不稱之為天文學，而是叫做天體物理學或宇宙物理學。

就如第三章所述，自然科學的根源是中世紀的煉金術、永動機（perpetual motion machine）和其他有點不正經的嘗試，後來集大成為博物學，成為自然觀察的基礎。「喜歡看星星」這種博物學式的興趣，是研究自然的第一步，然而，單憑博物學就只能知道事物的一面。

物理學（以前日文用的是「窮理學」）是用在發現基本的原理和定律，以掌握物質本身的結構及其運動的本質。假如從這種視角出發，就需要重新認識自然。透過這種物理學的方法，就能從單純的原理和定律理解和推導出多樣風貌的自然。藉由物理學的方式了解宇宙中發現的現象，這就是天體物理學或宇宙物理學。當然，雖說是以宇宙的觀測為基礎，但在紙上談兵時，往往會忘記個別星球和銀河的特性，以釐清普遍的性質為目標。所以，就算沒看望遠鏡也可以研究。

研究自然科學的方法大致可分為「歸納法」和「演繹法」。前者是對現象和對象感興趣，藉由觀測、觀察和實驗發現其中的共通點和規律。後者則是推論基本的原理和定律，應用在具體的現象和對象上來了解事物。當然，也有介於兩者之間的方法，不過科學家會依照類別和研究的發展階段，將重點放在其中一邊。

這兩個方法經常可以從日常生活中體驗到。像是衡量自己喜歡設計還是製作，擅長撰寫腳本還是演戲。雖然無論哪種職位都是重責大任，但還是要記得判斷自己適合哪種行業，擅長哪種工作。我本來就不擅長實驗，又粗枝大葉，所以直接排除需要接觸自然對象的科別。

「看見『看不見』的東西」

物理學的方法是以更原初的物質及其定律了解觀測到的現象，最核心的研究課題在於物質本身的結構及運動。所有巨觀物質是由原子和分子所組成，原子由原子核和電子組成，原子核由質子和中子組成，質子和中子則是由夸克（quark）粒子所組成。如此這般，物理學逼近物質更初始的要素，分別查出這些物質階層（原子和分子——原子核——質子和中子——夸克）運動的定律是什麼。

在日本，湯川秀樹博士於一九四九年研究原子核中的作用力，朝永振一郎博士於一九六五年研究光的交互作用，兩位都榮獲諾貝爾獎。一九六三年還在就讀大學的我，也覺得粒子物理學的領域魅力非凡，誤以為自己也能得到諾貝爾獎。

然而「人外有人，天外有天」；我進入大學之後，就發現絕頂聰明的人很多，實在無法跟他們匹敵。但我想留在大學繼續讀書。再說父母已經過世無後顧之憂，只唸四年大學還意猶未盡。當時幾乎沒想過自己適不適合當研究人員，反正結果出來就知道了，我相信剛開始還無法斷言適合與否（現在我也這樣認為。所以反過來說，斬釘截鐵認定「只要這個」也不好）。

【圖1】湯川秀樹博士

最後，我選了「天體核物理學」的科目，進入湯川博士的弟子林忠四郎教授的研究室。這個新科目是要以原子核物理學（nuclear physics）的方法切入天體現象，林老師在世界上也是開拓者之一。選擇這項領域的理由是對「看見看不見的東西」有很大的興趣。遙遠的星球只能從地球觀測，既不能重複實驗，也無法透過加速器調查內部。然而，搭配物理學的基本定律，建立嚴謹的邏輯之後，就會明白星球的內部狀態，能夠揭曉其一生。這簡直就是透過科學的力量「看見看不見的東西」。雖然沒有任何人進入星球當中，卻像是親眼看見一樣知道情況如何，這是多麼美妙的一件事（其實真相是我對粒子物理學也很留戀，但競爭率高，完全不可能通過考試，所以就選了當時競爭率還很低的天體核物理學）。

「物理學帝國主義」？

我進大學的時候適逢「核能熱潮」時代，手塚治虫的《原子小金剛》紅到發紫，也是那種時代的背景所致。潛水艇用的人造核能發電設備登陸，開設大型的核能發電所，核能開發在「夢幻能源」或「無限能源」的口號下強力推動。我也曾經為之著迷，想要進入核能的領域當中。但我感興趣的還是原理而不是製造，於是就決定朝向物理發展了。

另一方面，從一九五〇到六〇年代，日本經濟復甦掀起了「理工系」熱潮。由於國家政策，大學的理學院和工學院增額錄取，人才大量送進製造產業領域。我在一九六三年入學之際，京都大學物理學系的錄取名額變為兩倍（想必是拜此之賜才得以入學）。實際上，雖然工學院擴大的幅度遠遠超過理學院，不過，專門研究基礎科學的理學院也擴大，成為廣泛學術科別的根基，這也是事實。

其中一個現象就是所謂的「物理學帝國主義」。物理學領域主要是尋找原子和原子核物質的根源及運動的定律，不過運用物理學的方法，就可以朝嶄新的對象發展。代表的例子就是生物學，以往透過顯微鏡只能停留在研究細胞的程度，藉由X光線分析、分子力學和其他新方法就能逼近基因的層次，揭開DNA的雙重螺旋結構。現在有分子生物學和生物物理學之稱的科目成為生物研究的主流，持續揭曉基因結構和生物演化之謎。

天文學也是被物理學帝國主義「侵略」（？）的領域。以往要透過肉眼可見的光線（可見光）用望遠鏡觀測天體，現在則進展到用氣球、火箭及人造衛星從大氣層外觀測。另外，戰爭中開發的雷達技術發展出電波觀測，結果不只是可見光，從X光線、紫外線、紅外線到電波的所有光譜都可以觀測。這些都是由物理學家在實驗室自行開發訊號偵測裝置，結合望遠鏡研發出觀測宇宙的方法，以往的天文學從來沒有這種構想。

天體物理學這種理論是以量子力學和原子核物理學為踏板，掌握從微觀的過程了解星球的構造和演化的方法。以往的天體力學只會研究天體位置及活動，這種構想果然有別於以往。不只是天體的運動，還有質的變化，也就是開拓出研究恆星演化的道路。就如先前所述，「演化」是天體的特徵，這種物理學式的方法顯然是有效的。

社會的動向與科學

目前為止，描述到我進大學之際的時代背景，是為了強調基礎科學也會反映出社會的動向，研究的發展和分科的大小，更是強烈受到社會和時代的影響。研究本身純粹是個人的行為，但研究的環境和學問的內容絕不僅限於個人的意向和資質。就算依照自由意志和自己的興趣選擇，也要自覺到其實周圍條件和社會風氣影響也很大。

以前公害造成許多社會問題時，以化學為志願的學生就會急遽減少。現在核能導致各種社會問題，報考相關科系的學生似乎也的確在減少，以往核能熱潮時許多學生蜂擁而來（我也差點變成其中一人）。石油化學工業繁盛時，以化學為志願的學生就增加了。遇到這種情況原本應該反其道而行，畢竟潮流當下許多學生想要報考的熱門科系，其實有趣的研究和開發已經做完了。換句話說，過了全盛期之後，就只能被指派去做人人都會做的事情。當科系熱門時，反而激發不出自身的興趣和對科學的熱情。另一方面，當那個領域造成社會問題，看似沒有未來時，才會有許多應該挑戰的課題，搞不好能夠負責到值得去做的工作。現在的關鍵在於意識到自己所處的時代背景，同時衡量能夠激發個人研究意願的領域是什麼。

研究工作及其魅力

研究這一行

我已經研究宇宙將近二十五年。這段期間我被工作追著跑，總是覺得自己不夠完美。或許所有研究人員都有同樣的感覺。花費的時間愈多，就能閱讀更多的論文，計算更多的式子，進行更多的實驗。所以會強迫自己要加油，照理說知識的累積會與自己的努力成正比，展現出研究績效。因此，哪怕覺得自己稍微懈怠，心情也不安穩。

不過，單把時間拉長並非把工作做好的條件。有時休息、有時玩樂、有時喝酒，反而比較能夠投入在更新鮮的課題上。不只是研究如此，唸書也好、訓練也好，所有工作都一樣。思考新點子，思考解決問題的方法時，要找找看過去做過哪些嘗試，稍微退到一邊，以旁觀者的角度重新審視面臨的問題，這也是關鍵的要素。

我的朋友經常在做兩個完全不同的課題，一個陷入僵局就換另一個，另一個陷入僵局就回到原來的課題，這種方法我實在做不來。還有朋友會埋頭看漫畫、狂打柏青哥（Pachinko）、登山，或是用其他各種方法提振精神。我則是從以前就喜歡閱讀書籍，將閱讀當成轉換心情的方法，也會看小說、隨筆、紀實文學，關於生物、地球和其他與我的專業沒有直接關係的科學讀物（現在不只是閱讀，還在撰寫書籍和雜誌的稿件）。

科學家這一行的有趣之處：首次發現的喜悅

然而，科學這一行本質上可以說是「累積」的儀式，以過去研究人員的成果為基礎深化及發展。所以，科學的績效注定要常常被新工作超越。除非績效相當優異，否則名字和研究成果本身最後都會遭到遺忘。一般的研究人員都是如此，這種研究人員占大多數。說起來我也是其中一人，想必沒有任何貢獻是透過我的工作留給後世的。看似徒勞，但這就是科學這一行的宿命。

明知如此卻硬要繼續研究，這是因為無論發現再小的事物，都會開心自己是世界上第一個發現者（雖然很誇大）。這種心態就跟冒險家和登山客追求世界第一個攻頂的人相通。另外，自然的一部分已在自己的頭腦中根深柢固，那裡能夠發展出只有自己才知道的天地。腦中可以自由描繪自然的圖景，撰寫嶄新的演化腳本，從中發現喜悅。這種感覺或許就跟藝術家很像。擔心研究績效的結果之前，與面臨的課題和謎團對決也是件樂事。這就跟鎖匠拚命想要打開沒有鑰匙的鎖一樣。換句話說，研究這一行可說是在各種場合表現自己的工作。

科學的架構在本質上相同

我在持續做宇宙研究工作的同時，也對其他相近的科學領域感興趣，努力盡量接觸第一線的研究。話雖如此，但我沒看論文，而是閱讀刊登在科學雜誌上的解說和新書（幫我出版著作的岩波書店旗下書系「岩波 Junior 新書」也屬此類）。這種書以淺顯易懂的插圖加上解說基本概念的文字，不會過於探究細節。

閱讀這種書當然是想知道科學的最新資訊，但想學習那個領域的思考法和查證法也是理由之一。科學的架構無論在哪個領域都萬變不離其宗。我認為科學的架構可以畫成以下連線：

某個自然現象——背後物質的運動——操控運動的定律——貫串定律的原理（或假說〔hypothesis〕）

假如要弄得更單純點，就是「現象——物質的運動——定律」了吧？只要小心追溯這條連線，就能模糊地掌握到什麼事情已知，什麼事情未知，什麼問題現在迫切要解決。尤其是最尖端研究的熱門課題更要明確點出問題，進行各種討論。我也會暫時加入他們，嘗試多方思考。當然，我不可能在這個領域中研究，但可以提出意見，談談什麼樣的研究才有趣。換句話說，就是能夠跟其他領域的人討論進行研究的方法。

這就像是在觀看將棋或圍棋的比賽時從旁插話一樣。不過，這時要是不懂基本規則（棋子的走法）和定石（次序的法則）就插不了嘴。同樣的，既然對其他科學的領域感興趣，就需要了解該領域的基本原理和定律。幸好只要是科學，無論哪個領域的思考法和攻克法都是共通的。科學具備固定的結構（詳情將會在第二章描述），一旦掌握其結構之後，就能輕鬆了解研究課題。就算基礎知識不足，也可以明白大致的研究動向，預測研究課題的關鍵是什麼。

要是發生地震就找出地震的機制，要是核反應爐出事就了解核反應爐的構造，要是核試爆就查明核彈的結構，要是飛機墜落就弄懂飛行的原理，這樣做之後，就能針對個別的事件發表屬於自己的意見。避免閉門造車，遇到科學（或技術）相關的話題也要陳述意見，表達必要的批判，這是掌握科學架構者應盡的義務。

「文組」的科學也是如此

其實我認為剛才描述的科學架構不只適用於自然，也適用於人類的行為，像是歷史、經濟、政治或社會當中的現象。當然，自然和人類的行為有著關鍵差異。自然的運動取決於物理定律，人類卻有感情，會衝動、反抗、同情、愛與恨，行動時不按牌理出牌。明知會吃虧卻做出不利於自己的行動，囿於成見和偏見以致判斷失誤；所以同樣的原理（做出有利、划算及正常的判斷），不見得可以統統適用在人類的行動上。推理小說當中，作者和讀者已經建立共識，能夠適用這種原理找出凶手。然而，社會的運作卻不像推理小說那般，因此也有很多懸而未決的事件。

單單看到人類拘泥於個別的特殊事件，似乎顯得漫無章法，但若以歷史角度長期觀察，蒐集大量的實例之後，就能夠看出社會和歷史的定律。就算個別的人類衝動行事，但從大局來看則是理性的行為，終究會採取追求「幸福」或追求「利益」的行動。假如不是個人而是集團（組織、國家、地區、學校、公司等），就程度就會更強烈。維護組織的原理會優先於個人的感情。所以，社會和經濟的動向會依照什麼樣的原理，採取什麼樣的行動（運動），變成什麼樣的結果（現象），都可以透過這條連線了解。

換句話說，就算是「文組」領域的現象也跟自然科學相通，同樣具備「原理——運動——現象」的架構，所以大學把這些學問稱為社會科學或人文科學。只要能夠看穿其架構，就可以建立體系了解社會和歷史。想到這裡，我就決定連這些領域的書都一起讀了。接下來就可以從「理組」的立場提出意見。

之所以硬要提到「從理組的立場」，是希望強調文組的學問也要記得掌握理科的思考架構，抓住架構的變化，還有因應問題套用原理和定律時的極限。自然科學的原理和定律最後都需要藉由自然現象來實證，遇到反證（與現象矛盾）時則必須變更原理和定律。

然而，社會科學和人文科學多半沒有實證和反證，往往靠自己一句「這樣想」或「這樣相信」就了事。遇到這種情況，不管討論再多也解決不了。雖然這是否真的可以叫做「科學」，其實還有疑慮，但必須要嚴格區分解決的問題和沒有解決的問題。我希望能秉持這樣的觀點，遇到社會的問題也要多方觀察。

第二章

科學思考法

科學的出發點

科學始於自然的「觀察」

仔細看看刻在古代土器和銅鐸上的花紋，就會發現當中畫著各種漩渦（按：銅鐸是日本彌生時代祭祀用的禮器）。假如看得更仔細一點，則會發現漩渦捲動的方向有的都朝同一邊。有的是兩兩相反。再仔細觀察之後，想必就會注意到成對的漩渦也分為兩種。一種是在右邊漩渦順時針旋轉下，左邊漩渦呈逆時針旋轉；另一種則是在右邊漩渦逆時針旋轉下，左邊漩渦呈順時針旋轉。煩請各位讀者看圖鑑或到博物館實際求證一下。

然而，漩渦在什麼地方可以看得到呢？要說知名的就是鳴門漩渦了（按：鳴門漩渦是日本鳴門海峽的漩渦景觀）。其他眾所皆知的漩渦還有颱風眼及龍捲風眼、沿著蜿蜒的堤防或橋桁圓柱後面的漩渦、抽菸時吐出的煙圈，以及人造衛星拍攝的巨大漩渦雲等，種類五花八門。不過，現代人大概不會留心到連漩渦捲動的方式都會觀看。但是古代的人卻會仔細觀察到這種地步，並且應用在花紋。古人的社會環繞在狂暴的自然當中，到處都看得到漩渦，有時漩渦會捲走孩童，沖毀房舍，所以他們才會緊盯著漩渦觀察。

科學的出發點，就是像這樣，從仔細觀察自然開始。觀察指的是「專心注意看仔細」。即使走馬看花瞧見貌似相同的現象，但若專心注意看仔細，就會發現漩渦捲動的方式不同，每天會逐漸變化。假如持之以恆，就會從中看出某種「規則」。接著要蒐集類似的現象，分類成共通的性質（漩渦捲動）、相異的性質（漩渦捲動的方向）和逐漸變化的性質（河川的流速和漩渦的數量）。透過觀察可以發現自然現象並非反覆無常地發生，而是具有規則，能夠歸納為單純的模式，這就是科學建立的最大根據。這種觀察現象的性質再記述規則的行為，就稱為「質性研究」。博物學可以說是質性研究的集大成，讓人們實際感受到自然的富饒。小學的理科

【圖2】繩文土器的「漩渦」（長野縣茅野市）

也是以此為目的編製而成，應該也有很多人喜歡理科才對。

從觀察到「觀測」

觀察再進一步就是「觀測」。這不只是要仔細看自然引發的現象有什麼性質，還要「測量」，也就是運用某種尺度將性質代換成數值。以漩渦來說就是漩渦的大小、旋轉的速度、發生的頻率，以及從出現到消失為止的時間等等，所以就必須規定測量的尺度。原有的基本尺度單位為大小（尺寸）、重量和時間。以時間為例，就是觀察星辰的活動、月亮的盈虧、插在地面上的棍棒（晷針）陰影長度和方向，使用手指細數規則的變化，建立一年、一月、一日的時間尺度。這是西元前四〇〇〇年的事情。

這種將自然現象的性質用某個單位測量及數值化的行為就叫做「量化研究」。只要以共通的單位測量，就算是不同的人在相異的地方觀測的結果，也能客觀比較和整理。另外還能正確判定變化及誤差的大小，建立體系記錄現象。最後就可以核對用算式表示的定律。即使還不曉得定律是什麼，也可以輕易推測該滿足什麼樣的必備條件。國中和高中的理科就開始在教量化描述了。假如無法明確知道為什麼要這樣表示，透過這個能夠釐清什麼，理科就不好玩了。這時討厭理科的人說不定會增加。

而像天體這樣遙遠而無法觸及的現象，就只能一直用望遠鏡觀測了。為了精確量化觀測結果，望遠鏡要加大，提升觀測裝置的精準度，努力更往大氣層之外邁進。比方說，現在我們頭上五百公里上空有個直徑二點五公尺的望遠鏡在飛。透過這個叫做「哈伯太空望遠鏡」的裝置，就能將宇宙彼端瑰麗的影像傳送過來。我們對自然認識的多寡，就取決於資訊接收方的技術是否進步。

從觀測到「實驗」

另一方面，地面上的現象則要更進一步進行「實驗」。要製造該調查的資料，設定環境條件，測量對某些交互作用的反應。這算是在主動影響自然。進行實驗之後，無論是自然界存在的物質，還是藉由人類的手合成的物質，都能綜合調查其物理性質（包括物質的組成、運動方式、熱力、電子和磁力性質等）和化學性質（與其他化合物物質的反應）。這樣就可以揭露物質的各種性質，貼近物質的根源，合成對生活和生產有用的物質（比方像藥品或半導體元素），追溯地球和生命的歷史。

區分科學和偽科學的關鍵

實驗的重點在於無論由誰進行，都必須要能重現同樣的結果。換句話說，就是實驗要能夠影響物質這個實體，發現的結果人人都可以證實，保障科學的客觀性。因此，發表論文正確記載實驗資料、實驗條件和實驗結果，有時公開實驗步驟的筆記和資料本身，任何人都能重新驗證就很重要了。這可以說是區分科學和偽科學的關鍵。

比方像有名的「高溫超導」（high-temperature superconductivity）就是個好例子。這是一九八七年由卡爾・穆勒（Karl Muller）和約翰尼斯・貝德諾茲（Johannes Bednorz）的實驗發現而得。只要用氦冷卻陶瓷，就會在前所未聞的高溫下形成超導狀態（電阻為零的狀態）。轉眼間世界上的科學家就重新做這項實驗。後來兩位發現者還在資料上花工夫，以更高的溫度形成超導狀態，結果就在同年一九八七年榮獲諾貝爾獎。這告訴我們只要正確公開實驗結果，就可以當下直接驗證，研究會更有進展。

與此恰好相反的是一九八九年以記者會的形式，率先發表的「冷核融合」（cold fusion）。當時的人認為核融合通常要在溫度超過攝氏一千萬度時才會發生，發表的「實驗結果」卻表明在室溫下用鈀（Palladium，化學符號為Pd）電極將含氘（Deuterium，音「刀」，化學符號為D或^{2}H）的水通電分解之後，就會發生核融合。該名發現者謊稱為了取得專利，沒有發表實驗的細節（只寫了錯誤百出的短篇論文），實驗設備也沒有立即公開。儘管世界上的研究人員試圖在少許的情報當中重新實驗，然而幾乎所有研究小組都拿不出同樣的結果，主張能重現結果的小組只成功一次，顯然測量結果是杜撰的。最後「冷核融合」沒有發生，已公開的「發現」似乎出了什麼差錯。由此可知「人人都能重現實驗結果」這個原則，對科學來說非常重要（所以，只有特定人士會用的「超能力」，絕不在科學的範疇之內）。

問「為什麼？」

質性也好，量化也好，透過觀察、觀測和實驗發現自然現象的規則之後，就要思考「為什麼」這樣的規則會成立。我的小孩三歲時覺得周圍的一切很不可思議，開口閉口就問「為什麼」，讓我很困擾（我也發現自己不知其所以然的事情出乎意料地多，真是令人吃驚）。覺得萬事萬物不可思議，詢問「為什麼」的精神，正是人類獨有的「好奇心」（當然，我家的狗也有好奇心，遇到什麼都會聞味道，但能夠按部就班思考的動物，就只有人類）。

世界上多數民族都擁有「神話」。神話當中有三個主題：這個世界（宇宙）為什麼誕生？人類由誰創造？這個慶典源於何時？這些疑問是在談論宇宙、人類和文化的起源。比方說，日本神話《古事記》當中就有個好玩的問題：「海參為什麼是那種形狀？」或許神話就是父母的參考書，用來應付愛問「為什麼」的孩子。從人類認識客觀世界時（也就是人生首次以雙腳站立時），這種「為什麼」的問題就冒出來了。

即使是現在，科學精神的本質「好奇心」也沒有改變。而科學家總是對謎團和難題詢問「為什麼」，想要解開疑惑，持續研究。這時無論針對「為什麼」回答「事情就是那樣」（〈人性論〉中，亞里斯多德〔Aristotle，西元前三八四－西元前三二二〕的回答），還是「那是神的旨意」（〈神學〉中，托馬斯．阿奎那〔Thomas Aquinas，一二二五－一二七四〕的回答），都不是真正的答案（雖然父母多半會這樣回答）。

回答問題的關鍵：衡量物質的作用

究竟要怎樣回答，才是正確的？

當然，回答會依問題而變動，不過，關鍵在於思考「這時什麼物質扮演重要的角色」。自然現象攸關所有物質，這時最重要的是弄清楚扮演主角的物質是什麼。其次則要思考所衡量的對象是由什麼物質的性質所導致，由什麼物質的運動和變化所導致。有時說不定還必須設想這個物質能用什麼原料製造。研究是要找出這個階段當中的決定性要件是什麼，揭露其原因，重現實驗和觀測結果。

比方說，我們不妨想像一下用菜刀切蔬菜或魚的情境。這時也會有很多的「為什麼」。菜刀的重量和刀刃的形狀會依蔬菜和魚而異，為什麼呢？菜刀切肉類和魚時要往內拉，切蔬菜時要往外推，這是為什麼呢？聽說用不利的菜刀切食材會變難吃，是真的嗎？菜刀不夠銳利時，用磨刀石磨過後就會變得好切，又是為什麼？要回答這些疑問，就必須思考菜刀本身是用什麼製造的（材料是鐵或不銹鋼，將會影響到硬度、刀尖的形狀及是否容易生鏽），刀尖呈現的角度（這跟切割食材的硬度和摩擦力有關），食材的細胞在切割時會變得怎樣（不破壞細胞會比較美觀，滋味也比較好吃），刀尖用磨刀石磨過會變得怎樣（銳利的同時也會製造出鋸齒狀的細微刮痕）。換句話說，「切食材」的現象牽涉到菜刀和食材這些物質的性質、刀尖的運動、細胞的化學反應和其他要素。「切食材」說來簡單，卻牽涉到這些「為什麼」（另外，一般人對摩擦力認識得不算透徹。這種日常現象出乎意料地困難，有很多不了解的地方）。

現在我們知道，像這樣思考再回答「為什麼」並非那麼簡單。但是，以這種方式思考再回答「為什麼」，各位讀者難道不覺得很有趣嗎？

物質及其運動：化約論

前面談到要回答「為什麼」，就是要記得衡量那跟什麼物質有關，那會造成什麼樣的運動和變化。這是因為我們相信「就算表面上再怎麼複雜，基礎部分起作用的要素也很單純」。換句話說，回頭衡量更基本的物質之後，照理說就會很清楚發生什麼事，容易理解。這種思考方式就稱為「化約論」（reductionism），近代科學就是靠這套化約論的方法獲得成功。

巨觀物質是分子的集合體，分子由原子結合而成，原子則需原子核和電子方能成立。根據現象從分子的層次來思考（細胞的化學反應），追溯到原子（刀尖的構造和硬度），調查其性質，找出現象發生的原因。巨觀物質的現象也能從原子或分子的運動及變化來理解。愈根本的物質，結構和運動也愈單純，愈容易解析。實際上，科學家透過這種化約論的方法，成功達到電子革命，從基因的層次闡明生命。

化約論並非萬能

然而，化約論不一定萬能。就算追溯更基本的物質和運動，毫不單純，無法輕易理解的現象也很多。比方像是類似地震的破壞現象，諸如天氣之類空氣、水和陽光的複雜搭配，以及水和空氣的亂流等。這一般叫做「非線性現象」，是在形成體系之後開始引發的現象。這種體系當中無法預測和控制的事情會大幅改變結果，我們稱之為「偶然」或「波動」。類似的現象不能靠化約論解決。追溯根源的物質之後，這種現象也會消失。

有人批判目前的近代科學實際上只處理化約論能夠解決的問題，遇到化約論解不開的問題就避而不談。就如第四章所言，那或許也是事實。然而，這十年來物理學也滿腔熱忱地將這類問題當成對象研究。攻克問題的方法並非大不相同，終究是要研究物質的運動和變化，所以在查明以什麼定律貫串現象的觀點是相同的。

物理定律的結構

物理學和化學當中會出現原理、假說、定律、守恆定律（conservation law）和其他五花八門的詞彙，說不定有人會搞混。其實科學家會根據經驗和實驗發現規則，以「××原理」或「○○定律」之名留傳青史，所以在很多例子當中，原理和定律會跟詞彙原本的含意不同。

在此要整理這些術語的用法。

（一）原理、假說

「原理」在物理學上的意思是「雖然憑著經驗判斷假說顯然為真，卻無法嚴謹證明其正確性」。比方像各位現在在學的牛頓力學，內容在描述巨觀的物體運動，所採用的原理為「無論坐標系以什麼樣的方式運動，時間都可以通用」，稱之為「絕對時間」（absolute time）。

照理說宇宙中只有一個時間，不過，愛因斯坦（Albert Einstein，一八七九—一九五五）將這個原理替換成「光速不變原理」（principle of constant speed of light），認為「光速恆為定值，跟光源的運動無關」，建立「特殊相對論」（special relativity）。於是每個坐標系的時間就變得不同，也就是「相對時間」（relative time）。從各種實驗的結果可知時間並非絕對，特殊相對論比牛頓力學還要正確。只不過，運動跟光速相比十分緩慢，用牛頓力學就夠了。

雖然有「阿基米德原理」（Archimedes' principle）或「帕斯卡原理」（Pascal's principle）的「原理」存在，但這些本來並不是原理。因為這些現象能夠用牛頓力學「證明」。儘管在發現的當時是無法證明的根本「原理」，後來卻被視為力學上的簡單應用題。

「假說」指的是「為了說明某個現象暫時建立的假定」。「假說」的含意跟原理相同，不過對其正確性的信賴度和適用範圍就有如霄壤之別。然而我們在思考某個問題時會建立屬於自己的假說，同時研究正確的物理過程是什麼，會出現什麼現象。驗證和變更假說也算是研究的本質。當然，要是原理和假說跟經驗事實相悖，就必須馬上更動。

（二）定律

「定律」指的是物理量（physical quantity）之間的相互關係，其中包含各種層次的事物。

首先要介紹的是透過實驗得出的定律，像是「萬有引力定律」（law of universal gravitation）、「庫侖定律」（Coulomb's law）或「電磁相關定律」（帶電的電荷有正負之別，帶磁的磁荷必定正負成對，只會以類似磁鐵的形式存在）。在此將這種作用於物質間的力量稱為定律（A）。每個定律（A）都是實驗調查結果為真，卻無法證明為什麼會這樣。所以萬有引力和庫侖力為什麼跟距離的平方呈反比，是否真的是平方，而不是一．九九九九九，這些是無法證明的。定律（A）與原理很像，都要假設其為真。

接下來介紹的定律會從原理當中導出物理量之間的關係，比方像是「牛頓運動定律」（Newton's laws of motion）和「愛因斯坦重力定律」（一般相對論〔general theory of relativity〕）。物理量之間的關係會以最忠實的方式呈現原理，同時架構出定律來滿足以下描述的守恆定律。在此就稱之為運動定律（B）。既然原理無法證明，這項定律也就無從證明。另外，就算原理相同，有時也會以不同的定律來表示，何者為真仍然要靠實驗判定。還有人試圖將「牛頓第二運動定律」（Newton's second law of motion，物質的質量與加速度的乘積，等於施加在物質上的外力）變更為不同的定律。像宇宙這種大規模的地方，說不定是依循不同的物理定律。另外，愛因斯坦也曾擅自替自己提出的宇宙方程式添加常數項。據說他晚年表示「這是他一生中最大的失敗」。

還有一種定律仍然要透過經驗獲得，卻可以證明。比方像是「克卜勒定律」（Kepler's laws），或是化學的「定比定律」（law of definite proportions）和「倍比定律」（law of multiple proportions）等。克卜勒定律完全可以用牛頓運動定律和萬有引力定律證明。假如知道化合物用什麼元素製造而成，也就能輕鬆證明化學定律。只需將從經驗獲得的規則稱為「定律」，就可以跟前面的「阿基米德原理」等量齊觀。在此就稱之為定律（C）。

（三）守恆定律

守恆定律主張物理狀態就算會隨著時間改變（型態改變），整體量也會保持一定。知名的有「能量守恆定律」（law of the conservation of energy），其他像動量（momentum）和角動量（angular momentum）也會守恆，這些均可從經驗中得知。因此，守恆定律的發現也是先以經驗為基礎。牛頓運動定律架構中的能量、動量和角動量為守恆，所以從牛頓運動定律導不出守恆定律。

關鍵在於要證明這些守恆定律結合了空間和時間的性質。具體來說，我們可以證明假如時間的流速一致（時間總是以同樣的速度流逝，無論時間的原點在哪都一樣），能量即為守恆。另外，我們還能證明假如空間一致（無論在哪都一樣不是特別的場所，選取哪個地方為原點都可以），動量即為守恆，假如空間有各向同性（無論哪個方向都一樣，X 軸和 Y 軸選擇哪個方向都可以），角動量即為守恆。時間的一致性、空間的一致性及各向同性可以從經驗得知，當成原理採用之後，就可以證明守恆定律。

就如以上所言，我們所知道的物理定律是以經驗（實驗事實）為基礎，可分為：

① 原理和力量滿足實驗事實的定律（A）。

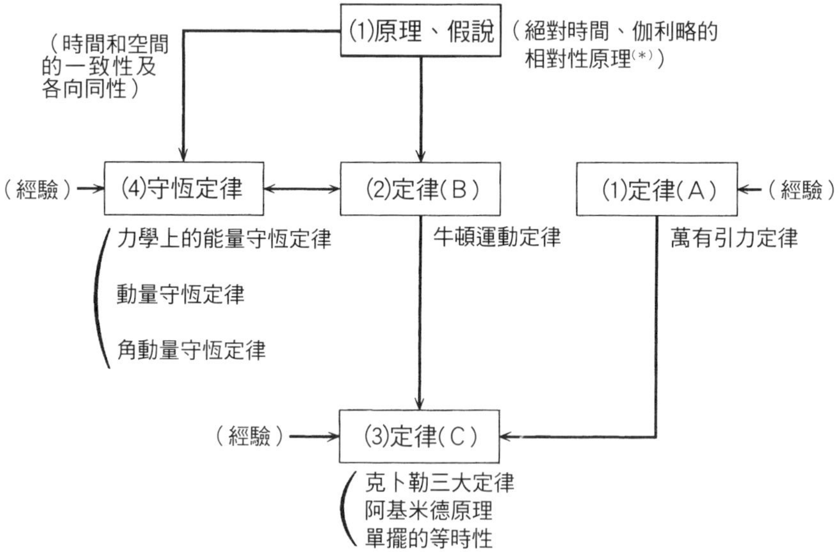

(*)伽利略的相對性原理是假設「兩個等速度運動的座標系當中，雙方的運動定律都會以相同的形式呈現」。

【圖3】牛頓力學的物理定律結構

②展現原理，滿足守恆定律的運動定律（B）。

③運用原理和定律（A）（B）後就能證明的定律（C）。

④除了第三點外，還以時間和空間架構為基礎的守恆定律。

你們學過的原理和定律能夠歸類為①到④當中的哪一個呢？只要自行歸納，或許就可以看出物理和化學的學問是怎樣形成的。

科學研究的進行法

科學的方法：實驗

那實際的科學研究要怎麼進行呢？

自然科學的目標是釐清物質的運動和性質，出發點在於對物質的觀測及實驗。這時最關鍵的是要採取什麼手段，測量什麼樣的物理量。物質本身是用什麼製造的，這項物質的性質（比熱和電力流動的容易程度等）對溫度和磁場的強弱會有什麼變化，添加其他化合物時會有什麼反應，反應的速度與添加的化合物濃度及溫度有什麼關係，實驗樣本和實驗方法也要依照想釐清的問題而異。以上問題都要花新的工夫去做，任何研究人員都希望自己做的實驗在世界上是頭一遭。

實驗樣本和實驗方法

首先，實驗樣本方面，要拿到多純的樣本就是件麻煩事。居禮夫人（Marie Curie，一八六七－一九三四）為了獲得一公克的鐳，就必須處理數噸的瀝青鈾礦。要萃取幾毫克的荷爾蒙，也需要蒐集幾千頭豬的腦髓。另外，有時還要製造巨大而純粹的結晶，合成自然界沒有的新物質。讓實驗成功的重要因素，就是這樣取決於準備的實驗樣本有多麼獨特。

至於實驗方法，有時會使用既定的裝置，有時則要自己下功夫組裝新設備。既定裝置的實驗結果值得信賴，但若不對實驗樣本下工夫，就不能在剛開始測量。所以在檢驗大量物質，或是要調查溫度、壓力和其他物理環境的變化時，就適合做詳盡而系統化的研究。反觀拿沒人測量過的物理量做實驗時，就必須從裝置的設計起步。市面上沒有賣這種設備，搞不好全都要手工製作。電子顯微鏡、雷射及其他強力實驗裝置的開發也屢屢獲頒諾貝爾獎，新的方法會開拓以往無法研究的領域。

現在的實驗

另一方面，許多大科學（big science）計畫也在進行當中，類似加速器實驗這樣的大型實驗還集合了數百名研究人員。就算沒那麼極端，五至十人的共同研究項目也是稀鬆平常。實驗樣本、裝置開發、結果分析要團隊進行。個人只負責部分實驗工作，缺少任何一人都不會成功。這就跟棒球和美式足球之類的集體運動一樣，要記得在掌握整體動向的同時確實做好自己負責的事情。做集體實驗時，最弱的地方會決定結果的水準，過程當中哪怕耗費極小的工夫，也會對整體造成龐大的影響。

儘管我不擅長實驗，沒有做實驗的經驗（除了求學時做過的實驗以外），然而實驗還是可以讓人直接感受自然的運作。一旦展開實驗之後，就要拿出精力花幾小時不斷實驗，有時甚至要好幾天徹夜不眠，感覺就像是在第一線與自然對決。有時鐵了心要面對危險，要在嚴苛的氣象條件當中做野外調查或採集（田野調查），這一定也是在展現貼近自然的意願。藉由這種做法能夠揭開歷史銘刻的地層，發現隱藏已久的化石，直接觀察生物的生態。我們不能忘了這種觀察和實驗的累積正是科學的基礎。

科學研究的進行法：理論

科學理論的目標是透過實驗具體重現之前表露的自然現象，為此要釐清什麼物質的哪種性質很重要，再以更基本和更單純的原理和定律來說明。說明不清必定會留下矛盾，這時就必須捨棄以往的思考方式，找出新的原理和定律。理論家就是要負責聯貫現象和原理。

所以，研究會從自然現象的層次區分出形形色色的模式。

建立模型

假如發現完全嶄新的現象，以往的理論都料想不到時，就要先建立足以重現現象的單純模型。當然，這個模型只能在舊有的理論框架內思考，顯然有所侷限，不過這在尋找關鍵物理過程和研究對象的結構上相當重要。單純的模型容易查探，還可以輕鬆進行實際的推測。

比方像是本世紀初開始研究原子和電子的微觀世界時，就陸續發現以往牛頓物理學無法理解的（矛盾）現象。當時最大的難題在於已知原子是由帶正電的粒子（當時還不曉得那是什麼，尺寸多大）和帶負電的粒子（取名為「電子」）所組成，卻不曉得這些粒子怎麼配置和運動。

後來英國的約瑟夫．湯姆森（Joseph Thomson，一八五六—一九四〇）提出「梅子布丁模型」（plum pudding model），將帶正電的粒子比喻成布丁，電子如同梅子散布在布丁中（按：當時日本人不熟悉「梅子布丁」這個西方糕點，因此將「plum pudding model」譯為日本人較為熟知的「ブドウパンモデル」〔葡萄麵包模型，比喻葡萄乾散布在麵包中〕，此處譯為「梅子布丁模型」）。另一方面，日本的長岡半太郎博士於一九〇三年提出「太陽系模型」，將帶正電的粒子比喻成位在中心的太陽，電子則如行星般在周圍旋轉（按：長岡模型的正式名稱為「土星原子模型」，將原子中帶正電的部分比喻為土星，電子則比喻成土星環）。他們設想這種熟悉而單純的模型，查證其他粒子遇到衝突後會散亂到哪種程度。只要跟實驗結果相比，就可以判斷哪個模型貼近現實。一九一一年歐內斯特・拉塞福（Ernest Rutherford）實際藉由粒子的散亂實驗證實長岡博士的模型接近真相，將中心的帶正電粒子稱為原子核。

模型與「假說」

一旦知道所採取的結構是什麼，接著就要思考這會產生什麼樣的運動。在此模型的角色還是很重要。

長岡模型計算出像行星般運動的電子會散發怎樣的光芒。假如這也跟實驗結果一致，就代表長岡模型是正確的。然而，結果豈止是跟以往的實驗發現不符，電子還會持續散發光芒，跌落原子核當中，也就是原子會變得不穩定，轉眼就會遭到摧毀。這是個很大的矛盾。我們的身體也全都由原子構成，原子要穩定不遭破壞，形體才會保持。因此丹麥的尼爾斯・波耳（Niels Bohr，一八八五—一九六二）就提出「量子假說」（quantum hypothesis），認為電子只能掌握某個固定的（量子）狀態，躍遷在其中的時候才會發光，而在既定的能量狀態下則不會發光。雖然原因不明，但在這樣假設之後原子就會變得穩定，跟實驗分析也一致，所以稱為「假說」。

模型與實驗結果不符時，就會採用某個「假說」，增加限制讓模型重現實驗結果，將模型淬鍊得更接近現實。當然，模型本身有時也會變更。

以前湯川博士曾經預言 π 介子（π -meson）這種粒子會攜帶綑綁原子核的力量（核力〔nuclear force〕）。這也是一開始就以模型的名義提出。不久之後，科學家就在從宇宙降下的粒子（稱為「宇宙射線」〔cosmic ray〕）當中，發現類似 π 介子的粒子。然而，這個粒子既沒有湯川博士所預言的壽命，也無法攜帶核力。因此坂田昌一博士就提出介子有兩種的「雙介子假說」（two-meson hypothesis），假設存在的介子除了湯川博士預言過的 π 介子之外，還會在 π 介子崩潰之後產生第二種介子。他主張現在已從宇宙射線發現第二種介子（μ 介子〔μ-meson〕），遲早也會發現 π 介子。事實上，後來也的確發現了 π 介子，證明雙介子假說是正確的（現在核力不起作用的粒子不再叫做「介子」，而是稱之為緲子〔muon〕）。

「假說」的根據和「對稱性」

一般來說模型可分為兩種，「實際模型」是組合物質以重現實際的現象，「分析模型」則是將定律單純化，好讓現象變得淺顯易懂。前者的模型本身體現出未知的物質狀態，後者則用來當作整理和分析現象的工具。

添加「假設」限制模型是為了說明實驗過程，根據尚未揭曉，所以必須思考為什麼「假說」會成立。當然，起步的階段還不知道最後會怎樣，是能夠用其他更根本的原理和定律說明，抑或是因為無法說明，所以必須把這當成原理來採用。

然而，我們通常認為「原理」具有「對稱性」的關係，凸顯時間和空間的性質，以及物質更根本的動態。科學當中的對稱性觀念相當重要，這裡將會詳細描述。

留意「對稱性」

現在試著在紙上畫個圓。圓圈無論以多少角度繞著中心旋轉，形狀都會重合，保持原樣。像這樣對圖形施加某種操作（以現在的情況來說就是旋轉）就叫做「變換」，假如操作後圖形重疊，就稱之為「變換不變」或「變換對稱」。另外，這種性質要叫做「不變性」或「對稱性」。由此可以推論「圓形旋轉不變」或「圓形具有旋轉對稱性」。再者，圓形無論沿著穿過中心的哪條直線折疊都會重合。這種折疊的操作就跟把鏡子放在直線上觀看影像一樣，所以叫做「鏡像變換」（parity）。另外，這還稱為「右手座標系與左手座標系的變換」，原因在於這項操作就跟攤開左右手重疊一樣。

因此我們可以說「圓形為鏡像對稱」。

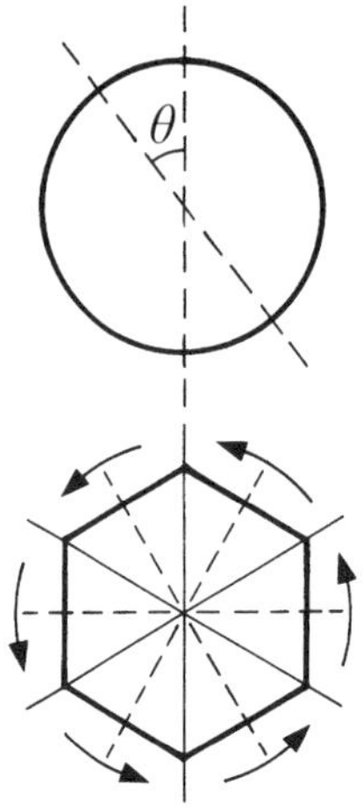

【圖4】

這次試著畫個正六角形。正六角形在旋轉和鏡像的變換上擁有多少不變性呢？旋轉方面，只有在旋轉六十度、其整數倍一百二十度、一百八十度、兩百四十度、三百度及三百六十度時，圖形才會重合。另外在鏡像方面，也是只有沿著連接對向頂點的三條直線，以及連接對邊中點的三條直線摺疊時，圖形才會重合。圓形無論旋轉多少角度，替穿過中心的哪條直線做鏡像，都會重合（對稱）。相比之下正六角形對稱的次數就少了，這就表示正六角形的對稱性比圓形還低。那麼，當圖形變成正方形、長方形、正三角形和等腰三角形時，對稱性會有什麼變化呢？

假如某個圖形像壁紙、簾幕花紋和棋盤一樣反覆出現，變換時座標原點的位置也會改變（「平行移動」）。

這種空間內的變換當中，對稱性最高的是完全均質的空間。說到平面（二維空間），就是沒有畫上圖形的無限大白紙。假如從三維空間來看，就是物質均勻填滿的無限空間。這時無論再怎麼變換都會重合，對稱性相當高。雖然我們覺得宛如雪花結晶的正六角和鑽石般的正多邊體很美，但其對稱性未必很高。儘管保持某種程度的均衡，調和的形狀讓人覺得美觀，不過，完全對稱與完全沒對稱的物體一樣不美。這在思考自然物質結構怎樣形成時，是一項關鍵。

目前為止，我們思考過具體圖形（空間）的對稱性（幾何學上的性質）。這項對稱性的觀念不只是圖形，還可以應用在一般物理性質的變換上。比方像是電荷正極和負極的替換，或是粒子與反粒子的替換等。另外，還有改變時間原點（從何時開始測量時間）的變換。

對稱性的作用

會重視這種對稱性，是因為關鍵在於明白「物理定律遇到什麼變換會不變（對稱）」，遇到什麼變換不會不變（對稱）」。實驗是「求證某個物理現象遇到什麼變換會不變，遇到什麼變換不會不變的步驟」，理論則是「建立定律和原理以滿足這道步驟當中發現的不變性（對稱性）」。另外，還要在定律未明的階段當中，衡量該建立什麼模型來滿足實驗當中看到的對稱性。對稱性是整理物質世界動態的重要概念。

就如先前所述，滿足某個對稱性之後（進行某種變換時不變），就必然可以證明某個物理量為守恆。能量守恆定律、動量守恆定律和角動量守恆定律要成立，背後就要有對稱性，無論選哪裡做為時間的原點都一樣，空間則具有一致和各向同性。此外還有跟空間及時間無關的守恆定律。比方像眾所皆知的「電荷守恆定律」，以經驗來看應該是從麥可．法拉第（Michael Faraday）的電解實驗認識這項守恆定律。基於這個理由，要設想這個三維的空間當中，基本粒子（elementary particle）擁有假想的內部空間，再針對這個空間內的旋轉對稱性（稱為「規範變換」〔gauge transformation〕的不變性）尋求根據。鏡像變換的不變性會與「宇稱守恆定律」（law of parity conservation）結合，但在β衰變（beta decay）之下不會守恆。另外，粒子與反粒子替換時的對稱性（稱為「電荷變換」〔charge transformation〕的不變性）也不會在某個基本粒子下成立。

類似的守恆定律五花八門，巨觀的物質世界也好，微觀的基本粒子世界也好，有些守恆定律在一般情況下會成立，有些則會在某個特定的領域中被打破。為什麼會有這樣的差異呢？我們已經知道所有的守恆定律（也就是對稱性）了嗎？這些疑問的部分答案將會在之後敘述，目前則是還有未知的地方。

對稱性的破綻

宇稱守恆定律指的是右手系與左手系之間變換的不變性，也就是無論用右手座標系還是左手座標系來描述物理定律，形式都會相同。其實在這個三維空間當中，無論 x 軸往右邊或是左邊拉，物理定律應該都會以同樣方式成立。然而，某個物理現象卻會打破宇稱守恆定律。為什麼會被打破呢？既然空間為左右對稱，那原因就出在那個物理現象當中的作用力了。詳情將會在第四章描述。

就算物理定律會這樣對稱，現實的物理現象和物質結構也不會變成對稱。相信大家已經發現牽牛花的藤蔓和海螺只會以固定的方式蜷曲，這就代表自然界的對稱性正遭到破壞。其實，正是因為打破對稱性，我們才得以存在，自然環境才能富饒。當物質存在時，對稱性最高的狀態就是物質均勻分布在三維空間之際。就算空間的原點在這種狀態下平行移動，就算隨便找個軸旋轉，將轉軸左右替換，也都會重合。無論哪種變換都具有不變性。

然而，這種對稱性很高的狀態中既沒銀河也沒星球。物質要建立結構就要打破對稱性，讓物質逐漸變成非均質的團塊。然後地球於焉誕生，飄散在地球上的各種原子凝固成非均質的東西，塑造我們的肉身。洋溢在空氣中的水蒸氣依然會均勻漂浮，但會在冷卻的同時變成水滴或冰塊（粒狀非均質狀態），形成雨和雪的結構。隨著水蒸氣（氣體）——

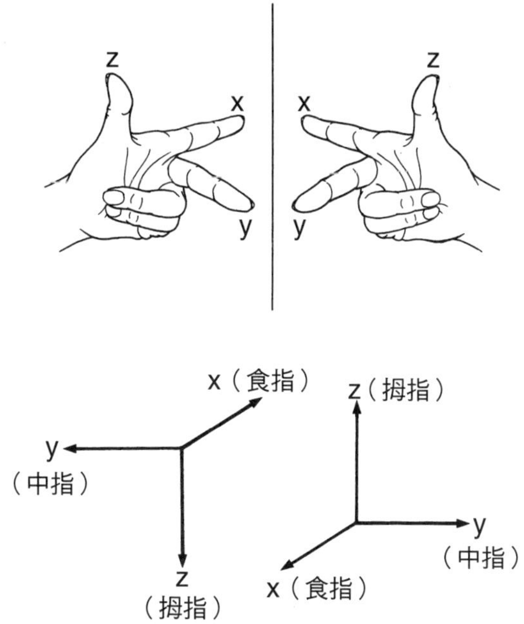

左手座標系　　右手座標系

【圖5】

水（液體）——冰（固體）這種狀態的改變，就會從均質（對稱性高或混淆不清）的狀態過渡到打破對稱性的物理過程，逐漸形成物質的結構（涇渭分明的狀態）。用別的話來形容，就是從「單純」而「普遍」的狀態中打破對稱性，逐漸產生「複雜」而「特殊」的狀態。形狀愈單純，對稱性愈高，就愈普遍；形狀愈複雜，對稱性就愈低，就顯得愈特殊。

打破對稱性是一種演化

要說物理學或自然科學（廣義而言，就是思考起源和演化的所有學問）都在研究怎麼打破對稱性也不為過。因為這些領域就是在研究對稱性會基於什麼原因，什麼作用，什麼條件下被打破。

比方說，我們設想一下生物的情況。地球誕生，海洋形成，海水當中嘗試各種的化學反應，於是維持反應性獨立於環境的生命就出現了。生命會在與環境交互作用的同時，逐漸從單細胞演化成多細胞，再演化成有手有腳的生物。這段過程當中，分子的聯繫會在某個規則之下壯大，獲得某種特殊的反應性，發揮複雜的功能。這種從生物誕生演化到現在型態的過程，可以說是典型的從單純邁向複雜（「從普遍邁向特殊」）。

語言也是一樣。剛開始只有「啊」或「嗚」的單字。當單字增加之後，就會形成注音符號或字母，再依照某種規則搭配形成詞彙。詞彙會依照某種規則連綴成文章，而文章集結起來就會變成故事和論文。「依照某種規則」的步驟會夾雜在各個階段中，這就是打破對稱性的工作。社會和文化在處理的問題，都是如何從相當單純（普遍）的狀態演化到複雜（特殊）的狀態。

這麼一想，或許就會發現學問和研究通常是建立在什麼工作之上。只是問題並不簡單，我們實際面臨的自然和社會是打破對稱性後的結果，卻不曉得原本的出發點是在擁有什麼對稱性的狀態下。或許思考這件事正是研究的樂趣所在。

數學的作用

接下來，我們可以看到物理定律都會用數學來寫。為什麼要使用數學？是數學隱藏了自然的祕密嗎？

測量各種物理量要透過自然現象的觀測及實驗。物理定律是用數學詞彙描述物理量之間的關係和變化，再跟測量結果做比較。數學是以嚴謹的邏輯組成，所描述的關係無論何時何地都會成立，而不是像語言一樣因國家而異。自然結構和運動也是放諸四海而皆準，不會侷限在特別的地方和時間。照理說，無論在哪個國家，哪個時代，物質的運動都遵循同樣的定律。所以，運用數學詞彙來表達之後，就能自動保證物理定律的普遍性。即使不了解他國語言，數學的算式放諸四海皆準（雖然需要訓練）。

運用數學詞彙來表達之後，要查明對稱性就真的很方便。假如物理量和座標經過某種變換，讓算式不變（形式相同），就可以馬上知道物理定律在變換之下擁有不變性，所以也能立刻明白有了對稱性就保證可以滿足守恆定律。另外，當擁有許多對稱性時，若能運用數學上的「群論」（group theory）整理這些要素，就可以用數學方式查出當時的狀態擁有更大的對稱性。一旦離開自然，以數學方法徹底調查對稱性，或許就能知道這在什麼結構之下會被打破。數學在此就扮演模型的角色。

像在一九五〇年代，除了目前為止所知的質子、中子和電子之外，還發現許多嶄新的基本粒子。基本粒子是物質的根源，難以想像數量會很多。當時的人認為一定有某些更基本的粒子結構單純而數量稀少，組合後才形成這許許多多的基本粒子。那麼，真相是怎麼查明的呢？這時群論就發揮很大的威力了（目前為止也有人宣稱群論只是單純的數學，根本派不上用場）。根據發現的基本粒子查探對稱性，依照共通的性質加以整理，劃分出好幾個基本粒子的集團（這就叫做「群」）。只要以數學方式查探這個群的性質後，就會得知尚未發現的粒子及其粒子群（集團）。後來還知道透過實驗可以發現該粒子，發揮作用劃分粒子群。所以，藉由查探建立這種群最基本的粒子是什麼，就發現到夸克這種基本粒子的概念。現在科學家認為夸克組合起來能產生兩百個以上的基本粒子。

數學與物理定律的關係

看到這種成功的例子之後，就會認為數學當中隱藏著自然的祕密，然而事實並非如此。描述自然最有效的方法是數學，數學本身卻非物質世界。所以既有正確描述自然現象的數學，也有跟自然結構完全無關，依然抽象的數學。有時為了將自然現象描述得更正確，就必須開發出新的數學。牛頓為了正確形容自己發現的物理定律，就開發出知名的微積分法。反觀愛因斯坦則是為了奠定重力場的新理論而尋找數學方法，發掘出黎曼幾何學（Riemannian geometry）。以往科學家認為黎曼幾何學只是單純的數學嘗試。儘管數學和物理學的確合作無間，「數學的普遍性」和「物質世界的普遍性」卻是部分共通，部分則有落差。

不過，用算式表達的物理定律，沒有因時制宜就不會透露任何事。式子要在各種條件（初始條件〔initial condition〕和邊界條件〔boundary condition〕）之下解開，方能適用在具體的問題上。諸如蘋果和火箭的運動、水和煙的流動、月球、地球和銀河的運動，以及其他空間和時間上的現象，雖然知道牛頓的運動方程式在各種基準上正確無誤，卻要配合個別問題依照條件求得解答，是跟實驗和觀測相比的結果。

有人曾經寫信給我，說牛頓運動定律沒能預言土星環的存在，所以是錯的。但這並非牛頓定律有誤，這只是因為以往沒人用牛頓定律查探土星周圍物體的運動。只要經過查探，就可以忠實重現土星環。

由此可知，用數學詞彙表達物理定律是科學重要的工作。不過本書要再次強調，這背後有著物質世界的對稱性（守恆定律）和原理存在。是以某種對稱的性質，熟悉而具體的形象為基礎。所以，照理說物理定律不用算式也可以說明，假如還無法這樣做，就不算真正理解。

第三章

科學是怎樣誕生的？

最早的科學

從猴子演化成人

一八七一年達爾文（Charles Darwin，一八〇九—一八八二）發表人類演化論（《人類的由來》〔暫譯，原名 *The Descent of Man*〕）的時候，許多人對人類從猴子演化而來一事抱持厭惡感，不願輕易接受。儘管議論紛紛，但最後具體的證據蒐集齊全，於是他的主張就被接受了。就如牛頓力學是近代物理學的基礎一樣，達爾文的演化論堪稱為近代生物學的出發點。人類先是從用雙腳步行的類人猿（*ape*）演化為人科動物（*hominids*，homo 在拉丁文中是「人類」之意），然後變成巧人（*homo habilis*）和直立人（*homo erectus*），最後再變成智人（*homo sapiens*，現代人的祖先）。研究人員透過調查骨頭的化石（腦部的大小和身高）、工具（石器的精細度和種類）、生活（集團的大小和住所）和其他剩下的遺物，逐漸發現這些人種都是按部就班演化而來。

那麼，人類最早的科學究竟是什麼呢？

有人主張科學的發端是「製作」而非使用工具。這派意見認為海獺及猴子也在使用工具，要主動製作才是科學的萌芽。原本黑猩猩就會拿拔掉細枝葉片的長樹枝戳白蟻的巢穴，這或許也是在製作工具。將大約兩百萬年前的人類命名為「巧人」，是因為發現人種的契機在於替石器加工的痕跡。早在一百萬年前，人類就會製作尖銳的石器當成刀子用，削切大象或野牛的牙齒或骨頭，製作更銳利的工具。人類透過這道工具擺脫以往像鬣狗一樣食用動物死屍的時代，轉而積極狩獵。

人類最早的「高科技革命」

另外，還有人主張「用火」是科學的發端。想必取得火苗就像打雷引發森林大火一樣偶然。然而，能夠用火取暖，鞣製動物皮做成衣服，烹調食物，這些都是巨變。另外，藉由用火就可以掌控融化鐵或銅之類的化學反應。作家以撒・艾西莫夫（Isaac Asimov，一九二〇—

一九九二）就說過，用火是人類最早的「高科技革命」；這是約五十萬年前的事。

有趣的是，弔祭死者的「宗教」會產生，畫圖在洞窟壁面上的「藝術」會產生，也都在五十萬年到二十萬年前之間，跟用火幾乎同時。想必當時精神世界的發達是急速進展的。

時間和空間的劃分及天文學

工具和火這些具體的物品，本身就跟生活密不可分。那麼，測量肉眼看不到的抽象「時間」，是從什麼時候開始的？當然，一天的長短可從日出日落得知，一個月的長短可從月亮圓缺得知，所以時間的長短一定是從很久以前就知道該如何測量。問題在於要花什麼樣的工夫，讓時鐘將一天的時間測量得更精細。

在此提示一下，早在西元前四〇〇〇年就已經有人發現方法了。樹影從早上到中午會逐漸縮短，縮得最短時朝得方向都一樣，隨著日落將近則會愈來愈長。古人還知道這道影子會往右轉動，總是以相同的速度在動。既然如此，只要在地面插根棍子（稱為「晷針」），周圍畫個圓圈，再從影子來到什麼位置上獲知時間。於是「日晷」就發明出來了。我們時鐘的指針會往右轉動，是因為發明日晷的地方在北半球的埃及（南半球的陽光會向左轉動）。埃及人將影子映照的圓圈分割成十二等份，白天十二小時，一天就有二十四小時。

日晷的發明跟另一個重要的發現有關。晷針的影子最短時，太陽的方向在南方，影子的方向在北方，與這呈直角的日升方向在東方，日沒方向在西方，能夠將空間朝固定的方向劃分。於是就建立時間和空間的座標系（現在使用的日晷會將晷針斜向北方，讓影子的長度隨時保持相同。據說日晷早在西元前七〇〇年時埃及就在使用了）。

一年的劃分

另一方面，季節則是慢慢變化，每隔幾百天就重複的一年劃分法，要以一天為單位，數量又多又難算。因此就計算月亮圓缺，以滿月到下個滿月為止的二十九天或三十天為一個月。於是以月亮盈虧為基準的曆法就編製而成，稱之為「陰曆」。然而，一年是地球繞太陽一圈的時間，與月相盈虧沒有直接關係。所以會有十二個月的年份和十三個月的年份，變得複雜難解。

埃及人發現尼羅河每隔約三百六十五天會固定氾濫，還知道天狼星會在同樣的季節從東邊的天空升起。從地球上看來，星星就像是黏在天球上，而太陽繞天球一圈的時間就是一年。這段期間新月出現十二次，所以將一年劃分為十二個月，一個月平均分配為三十天，剩下短短五天就硬塞進最後的月份當中。這種計時法叫做「陽曆」，現在我們在用的曆法就是以此為原型。雖然埃及發明的曆法稍微修正過，但本質上來說也用了五千年之久。

一星期為什麼有七天？

一天、一月、一年的時間劃分得自於太陽和月球的運動，堪稱天文學的起源。那麼，另一個時間劃分「一星期」是為了什麼理由變成七天呢？人類要是沒在適當的間隔休息就會疲勞，工作效率不會提升。所以每星期會設置「安息日」，但會變成七天還是跟天體的運動有關。我們肉眼所見的星星有太陽和月亮，還有水星、金星、火星、木星和土星這五顆行星，跟遙遠的星辰對比之下看起來就像在移動。因此古人認為宇宙是以地球為中心，周圍有七顆星星繞行，還會想像其他的星辰固定在天球上，整個天球在緩慢旋轉。因此，「一星期有七天」可說是反映出西元前一八〇〇年巴比倫尼亞人的宇宙觀（「天動說」直到十七世紀都還有人信）。

雖然有益人類生活的曆法就這樣編製出來，但其基礎則在於詳盡觀測月球和太陽的移動、行星的運動，以及星辰出現的位置等。天文學號稱「最古老的科學」，原因就在於此。

天文學與占星術

七顆運轉的星辰在天球上移動的位置固定不變（雖然原因未知），到了希臘時代，就將這些軌跡分為十二個星座。這麼一來，太陽每個月就會移動到星座當中。另外，其他行星和星座則會慢慢穿梭。古人從位置關係當中想像行星和星辰帶來的各種效應，這就是「占星術」。像這樣追溯歷史後可以發現，並不是占星術產生出天文學，而是占星術寄生在天文學上求生。而現在由於地球的歲差運動（precession，地球自轉軸的方向像陀螺一樣頂部搖擺的運動），太陽和行星的方向已經偏離希臘時代一個星座的份，跟占星術藍本的星座位置不同。再者，雖然發現天王星、海王星和冥王星這三顆行星，卻沒有出現在占星術上。儘管如此，為什麼現在相信占星術的人還是很多呢？

數學的開端

我們通常會用十進位法計數。像是個、十、百、千的數數法，或是從一到十反覆唸很多次。由於手指的數量有十根，因此能以最直覺的方式輕鬆計數。另外，十進位計算也很簡單。但是，時間和角度卻是以十二、其倍數二十四及六十為單位。英國以前計算金錢的方法也是十二進位法（日本的天干地支就是以十二為一輪）。

為什麼要用這種計數法，想必是因為埃及和巴比倫尼亞的天文學大幅發展。埃及人和巴比倫尼亞人對數學的貢獻也很大，足以證明科學和數學的發展相輔相成。

埃及為了建設金字塔和重畫尼羅河氾濫後的土地邊界線，於是就發展出幾何學。這是因為日晷的發明能夠正確定出方向。金字塔底邊的正方形會正確平行於東西南北。另外，日晷陰影的動態會分成十二等分。反觀巴比倫尼亞人則以六十進位建立數學體系。這種計數法是將六十化為一，進到下一個單位。時間以六十秒為一分鐘，六十分鐘為一小時。角度也同樣是六十進位法，因為時間與角度的測量密切相關，與太陽的方向和天球上的活動息息相關。

那為什麼要選擇十二或六十的數字呢？理由在於這些數字可以被很多數字整除。十二可以被二、三、四和六整除。六十還可以被十、十二、十五和三十整除。對古人來說，除不盡的數字必須用分數表示，顯得很麻煩。另外，一年將近有十二個月，一個月將近有三十天，是六十的一半。說不定這是因為古人認為十二和六十與天象的運動有某種關係。

其他文化的起源

截至希臘時代為止已經開發出幾種學問及其基礎的部分，這裡要介紹幾個看起來有趣的類別。

西元前二六〇〇年，埃及人建造出高達六十公尺的金字塔，堪稱建築學的起源。最大的胡夫王（Khufu）金字塔，底邊的一邊有二百三十三公尺，高度為一百四十七公尺。這遠遠比東京巨蛋還要大（埃及的國王稱為「法老」是埃及文譯為希臘文的結果，意思為「大房屋」）。為了建造這麼巨大的金字塔，就要發明抬起巨石（一個重量為兩噸半）的工具，以及運輸船和手推車之類的器械。正是因為周邊技術的發達，巨大的建築才有可能興建。

釀酒技術是在西元前二〇〇〇年時所發現。當水果腐敗或米麥泡水時，偶然間有個口乾舌燥又肚子餓的人不假思索地喝下去，結果發現滋味不錯，讓人心情舒暢。酒精是藉由酵母的作用，將米麥和水果分解成糖分和澱粉時的產物，儘管人類一直到很久之後才知道這件事，釀酒卻已有四千年的歷史（據說早在西元前一八〇〇年，就在爭論規章該怎麼處罰啤酒喝太多的醉漢犯下的不法行為）。另外，將小麥磨成粉加水，再把同樣的酵母放進去揉成團再「醒」過之後，就可以做出麵包。於是讓穀物容易入口的發酵技術就出現了。

文字發明帶來的貢獻

另一方面，文字的發明對於傳達和記錄文化不可或缺。文字首次發明是在西元前三五〇〇左右，後來慢慢統一為固定的樣式，簡化及推廣到眾人之間（當然是極少數人）。人類發明文字之後就製作書籍，再建造圖書館蒐羅這些書。因此，文字發明以後叫做「信史時代」，沒有文字的時代則叫做「史前時代」。西元前一五〇〇年之前，世界上樹立了三種文字。那就是寫在埃及莎草紙上的象形文字（聖書體）、刻在巴比倫尼亞黏土板上的楔形文字，以及記載在中國龜甲和牛骨上的漢字原型（甲骨文）。現在使用的就只剩漢字，前兩種文字太過複雜，不再有人用。

率先以文字撰寫的是故事。以往口耳相傳時道出的故事（口傳文學）記載成文字，隨時都可以欣賞。蘇美國王基加美修（Gilgamesh）為追求不死藥草踏上旅程的故事，據信為西元前二五〇〇年所撰寫。埃及人會在莎草紙上記錄各種疾病的治療法（除了魔法之外，還寫了有效治病的植物及動物的診療法），可說是藥學和醫學的發端。中國則會針對天文氣象、軍事行動和其他國家大事，將皇帝占卜的內容和結果寫下來，也就是政治資料。

當然，文字發明之際，同時還發明了書寫數字的方法。數字的發明當然是數學及科學的基礎。然而，剛開始數字只是為了記錄而用，計算只能以算盤之類的工具進行。這是因為古人不知道有「零」這個數字。零有兩個功用，第一個功用是要表示什麼都沒有，另一個功用則是用來進位。要在紙上計算，就必須知道進位用的零。所以直到西元前四〇〇年印度發現零以前，數字都沒有用在計算上。

文字會像這樣豐富人類文化的內涵，拓展智慧的可能性。希臘文化就在這樣的歷史背景下開花結果。

希臘的自然哲學家

從西元前六〇〇年左右起，希臘城邦就出現許多自然哲學家，提出形形色色的概念對後世帶來影響。他們的特徵在於「理性論」，能夠透過觀測及證明宇宙當中各種的現象了解自然的定律再遵循，無須神蹟之類的超自然力量。所以會深思及觀察運作在其中的本質是什麼，不會囿於外表的形貌。或許這可以算是看透了科學的本質。

只不過，希臘自然哲學家重視理論方法，證明一件事單憑推論，對於透過實驗證明和發現新現象的方法則不感興趣。希臘城邦貴賤分明，實驗是由身份低微的工匠在做，哲學家很少觸及。所以他們孕育不出實驗科學，推論停留在推論而到不了證明。所以沒有形成自然科學，僅僅止於自然「哲學」上。這種方法曾在數學上發揮效用，歐幾里得幾何學（Euclidean geometry）就是在西元前三〇〇年完成的。

「萬物的根源是水」

第一個沒有仰賴神明和超自然力量，思考宇宙是由什麼物質組成的人，大概就是西元前六〇〇年的泰勒斯（Thales）了。古人長期以來認為日食和月食是神明懲罰人類的前兆，但在仔細查探太陽和月球運動的過程中，卻發現這可以預言，於是就開始注意到這是自然界理應會發生的現象。泰勒斯學習巴比倫尼亞計算法預言出日食（西元前五八五年），具體呈現人類能夠理解的自然現象。他主張「萬物的根源是水」，認為水能變化成各種形態，製造所有的物質。這項主張蘊含的態度是從更根本的地方探究組成所有物質的東西是什麼，秉持物質就算改變形貌也不改其本質的觀念。這項觀念仍然貫串在現在的科學當中。

德謨克利特與「原子論」

將泰勒斯的主張發揚光大的人，是西元前五〇〇年左右的留基伯（Leucippus）及其弟子德謨克利特（Democritus）。留基伯主張「所有現象必有原因」。這項主張認為衡量事情時要排除超自然力量，正是現代科學的精神。同樣的，號稱醫學之父的希波克拉底（Hippocrates）認為所有的疾病都有原因，並非神明降下的天譴。

反觀德謨克利特則繼承恩師留基伯秉持的觀念提倡「原子論」（atomism），宣稱「所有物質是由不能再分割的微小粒子所組成」。他認為原子（「atom」在希臘文中是無法分割的意思）是物質的基本單位，這也可以說是將泰勒斯的主張推演到極限。只不過，原子論的證明需要兩千年的時間，德謨克利特的主張僅止於哲學上的斷言。後來，人類就逐漸發現原子可以分割成原子核和電子，原子核可以分割成質子和中子，質子或中子可以分割成夸克。

亞里斯多德

個人認為希臘在普遍研究自然哲學的背景下，建立學派或學院進行討論，繼承所獲得的知識。畢達哥拉斯（Pythagoras，約西元前五七〇年出生）建立一種宗教結社進行數學的研究，柏拉圖（Plato，約西元前四二七—西元前三四七）在雅典的郊外創辦相當於大學的學院（西元前三八七年）。尤其是柏拉圖的弟子亞里斯多德，更是建立呂刻昂學院（Lyceum），將當時的學問知識集大成傳授出去，歸納成一百五十卷的著作集（後世留下的只有五十卷）。其中詳細闡述邏輯的方法，從前提的命題（相當於假說或原理）反覆推論，導出必然的結論。這是第一個有體系的「邏輯學」，以數學或科學論證選擇的途徑是否正確。關於具體應用這個方法的實例，亞里斯多德就曾單憑邏輯推測出「地球是圓的」。他的主張有三項根據：①月食之際地球照在月亮上的影子是圓的。②往北走可以在天空看到新的星星，相形之下，在南邊天空看過的星星則會逐漸看不見。③當船隻遠離時會從船體先消失，最後才看不見桅杆。這些推論真了不起。

另外，眾所皆知，亞里斯多德為觀察做基礎的分類，這在建構系統化的學問時很重要。實際上，亞里斯多德就是個非常仔細觀察自然的人，還會幫動物依種類劃分和解剖。他發現海豚不是卵生，而是胎生。海豚沒有歸類為魚類，而是當成跟陸地上的野獸同類（植物的分類則由亞里斯多德的弟子泰奧弗拉斯托斯〔Theophrastus〕進行）。

亞里斯多德認為世界由四大元素（土、水、空氣、火）組成。這些元素位在宇宙的中心，從地球的中心依序層層累積，天空（宇宙）則充滿了第五元素「以太」（Aether）。以太在希臘文的意思是「閃閃發亮」，凝固後就會變成表面發光的太陽、月亮和行星，繞行在地球的周圍。這就是亞里斯多德提倡的宇宙體系「天動說」。西元二世紀的托勒梅烏斯（Ptolemaeus，通常稱為托勒密〔Ptolemy〕）透過觀測和計算將天動說精密化，爾後一千四百年來主宰了人類的宇宙觀。

測量地球大小

然而，也有人認為地球不是宇宙的中心，他就是西元前二八〇年提出這個看法的阿里斯塔克斯（Aristarchus，約西元前三一〇—西元前二三〇）。他先從月食之際地球影陰影的尺寸，推測月球的大小是地球的三分之一。其次，他發現在弦月時（上弦月或下弦月），地球、月

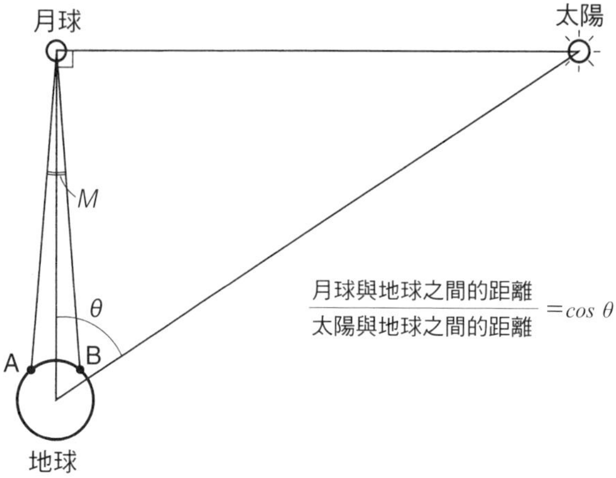

【圖6】阿里斯塔克如何測量地球大小

球和太陽呈直角三角形。因而測量出月球和太陽的夾角角度為θ，求出從地球到月球和太陽的距離比。日食之際，月球和太陽會重合，由此可知看起來的角度相同，距離比就成了尺寸比。於是就計算出太陽的大小是地球的七倍。

當時的觀測技術很幼稚，所以數值帶有很大的誤差（其實月球的大小是地球的約四分之一，太陽是地球的約一百一十六倍）。不過，他的觀念本身是正確的，就算遠到沒辦法拿到手上查驗，但只要動動腦筋就可以知道尺寸，展現出科學的偉大。阿里斯塔克斯根據這項結果，主張比地球大的太陽不可能繞著地球周圍轉。這種結合觀測和推論的思考方法真是妙極了。

同樣以簡單的方法挑戰解答「地球尺寸有多大」的人，還有西元前二四〇年提出看法的埃拉托斯特尼（Eratosthenes，約西元前二七六—西元前一九四）。他知道悉尼（Syene，今埃及的亞斯文〔Aswan〕）夏至當天的正午太陽會來到正上方，不會有影子。同一時間，亞歷山卓的太陽也會升到最高點（影子變得最短，也就是兩地經度相同），但他觀察到太陽會傾斜七度。他認為這項落差是因為地球是球體，只要知道悉尼和亞歷山卓的距離，就會推算地球的大小。當時有個職業是要走路測量從某個地方到別的地方有幾步的距離。於是他就從步幅和步數求距離，計算出地球的一周約為四萬公里，獲得的答案幾乎就是現在的正確值。只要以步行測量距離或衡量太陽角度的測量精度，就能以驚人的準確度測量地球大小。

依巴谷

西元前一五〇年，依巴谷（Hipparchus）以這個結果為踏板，推測到月球的距離。依巴谷歸納出最正確的三角函數表，另外他還以詳實計算行星運動而知名。就如「圖六：阿里斯塔克如何測量地球大小」所示，他從地球上的A、B兩點觀看月球的中心，測量出角度M。然後，就從兩點間的距離計算到月球的距離。這個方法就跟我們用兩道目光看某件物體，估算離自己多遠一樣。因為兩道目光能夠（在不知不覺間）測量這個物體要朝什麼方向才看得到。這就叫做「視差」（parallax）。從視差可以算出這有多遠的距離。依巴谷求出到月球的距離是地球直徑的三十倍。從之前埃拉托斯特尼求出的地球大小，能夠算出到月球的距離約為三十八萬公里。其實他求出的答案是正確的。

依巴谷正確呈現將近一千個星星的位置。將這張星辰分布圖與過去星辰的位置紀錄相比，就會發現所有星辰會由西向東移，天球轉一圈要花上約兩萬六千年。這是因為地球的自轉軸在做歲差運動，但在用肉眼決定星辰位置的時代，跟亞歷山卓天文臺充其量只有記錄一百五十年期間的恆星位置相比，這可是一大發現，由此就可以明白他為什麼會號稱「希臘時代最偉大的天文學家」。另外，他還將恆星依據亮度從一等星分類到六等星，這個分類法

【圖7】阿基米德

現在仍在使用。如此一來，各位讀者應該非常清楚詳實的觀測對科學而言相當重要。

阿基米德

最後要介紹的希臘自然哲學家是知名的阿基米德（Archimedes，西元前二八七—西元前二一二）。阿基米德出生於西西里島敘拉古（Syracuse），身上圍繞著幾個傳說。儘管他發現槓桿原理（lever principle）是千真萬確，不過「槓桿」從埃及時代就有人在用了。儘管如此，但是，懷著疑問思考「為什麼使用『槓桿』就可以抬起重物」的態度，又展現出科學的原點。回到原理來思考，沒有視為理所當然，藉此就能理解現象的本質，獲得契機以製作更有效的工具（據說阿基米德曾經表示，「給我一個支點，我就移動地球給你看。」）另外，阿基米德是希臘時代中少數嘗試製造各種工具和機械的人。所以，阿基米德原理的啟發，據說是得自於泡澡時覺得身體很輕盈。這個人似乎也擁有實驗家的直覺。

然而，阿基米德卻出了一道跟巨大牛群數有關的「牛群問題」（cattle problem）。這道問題是在計算四種膚色的牛隻數，四種牛的公牛和母牛數為八個未知數，對此附加七個關係式和兩個條件。雖然當時就知道有答案，但兩千年來都無法憑人類的手取得正確的數值，直到一九八一年才總算靠超級電腦求出答案。有興趣的人請看看本書的附錄。

中世紀的「科學」

希臘自然哲學家的研究在西歐遭到遺忘，直到約一千四百年後的文藝復興時期為止。基督教會勢力遍布的中世紀，疑似挑戰神明的科學思考就遭到嚴厲的取締。

像這樣禁止思考和嘗試的時代，眾人往往會相信占卜、神諭和其他超自然的力量。過程當中還流行不足為據的「科學」。其中之一就是之前提到的占星術。

科學必須無論是誰在何地、何時，都可以重現同樣的現象。然而，通常號稱「╳╳術」，卻只有某個擁有特殊能力的人方能使得出來，同樣的結果不一定能夠重現。所以，「╳╳術」多半與科學無緣無份。不過，中世紀時還不甚了解物質的結構和運動，「╳╳術」或不足為據的「科學」也不能說完全沒有意義。透過這些方式進行的實驗，也會成為科學萌芽的契機。

鍊金術

「××術」其中的代表就是「鍊金術」。這種技術是藉由添加藥品、熔化或鍛造，試圖將鉛或鐵這種常見的金屬（稱為「卑金屬」）點化成金（「貴金屬」）。當然，假如行得通就能發大財，所以從西元三〇〇年起，爾後一千四百年以上的期間，就有很多人挑戰鍊金術；據說天才牛頓也沉迷於鍊金術。

鍊金術產生的背景在於很多人取得利用化學變化的技術，像是用黏土製作陶器，從礦石萃取銅、鐵和金，用沙子製作玻璃，或是以穀物製造酒或麵包。他們從經驗中學到，只要用火烤或是添加酵母後，就能更方便地製作更高級的東西。既然如此，說不定鐵會變成金，這樣想也是很自然的。所以，早在西元三〇〇年時，將鍊金術技術集大成的書就已經出現了。

鍊金術的另一個背景，則在於多神教思想當中神明寄居在所有地方的觀念，沒有受到一神教的基督教所感化。大宇宙（macrocosmos）和人間界（小宇宙〔microcosmos〕）互為照應關係，一切都有關聯。換句話說，就是相信所有的物質都像「圓環」一樣連接起來。具有時代感的思想和觀念會對眾人的行動帶來龐大的影響。這一點現代也是如此。

最後他們發現，物質是由不同的原子所形成，就算靠化學反應改變原子組合的方式，原子本身也不會改變，於是鍊金術就在十八世紀根絕了。然而，將化鐵為金當成目標之後，就開發出形形色色的化學實驗技術。從結果來看，化學反應的機制水落石出，證明鍊金術不可能實現。所以，鍊金術可以說是化學的學問之母。

永動機

永動機在拉丁文中的意思是「恆久運轉之物」，堪稱人類的夢想。這種機械即使沒有燃料，沒有肌肉的力量，沒有風或水的流動，沒有電力，沒有從外界添加任何能源，也能不斷運轉到永久。有了這種機械之後，就算不聞不問也會無償幫忙工作。因為這可以憑空取用能量。儘管自古以來很多人挑戰製作永動機，卻沒有任何一個人成功。無論哪種機械都一定會停止運作。為什麼做不出永動機？正因為思考這個問題，所以才會發現物理學的定律。

第一種永動機為什麼不可能實現？

永動機一共有兩種。第一種永動機會牽涉到能量守恆定律。

最簡單的永動機是將裝有重錘的棒子懸掛在刻有鋸齒紋的車輪邊緣上。發明者主張，當這個機械往右轉之後，理應會永久持續旋轉。來到右側的重錘會在來到左側的重錘影響下遠離車輪的中心，所以右半邊會牽引左半邊，導致車輪不斷旋轉。然而，從圖中可以輕易看出，就算以等距懸掛重錘，重錘的數量也永遠是左半邊居多。因此，當作用在重錘上的重力讓車輪旋轉時，施加的力道（力矩〔torque〕）是左右相同的（將車輪中心到重錘的距離乘以重錘的重量就等於力矩）。最後，就會在車輪軸心的摩擦之下停止旋轉。

有的永動機還會用到磁鐵。製作時要將強力的磁鐵固定在柱子上，再從柱子豎起兩條導雨管。上方導雨管的頂端要開個洞。將柏青哥小鋼珠放進上方的導雨管之後，就會被磁鐵吸

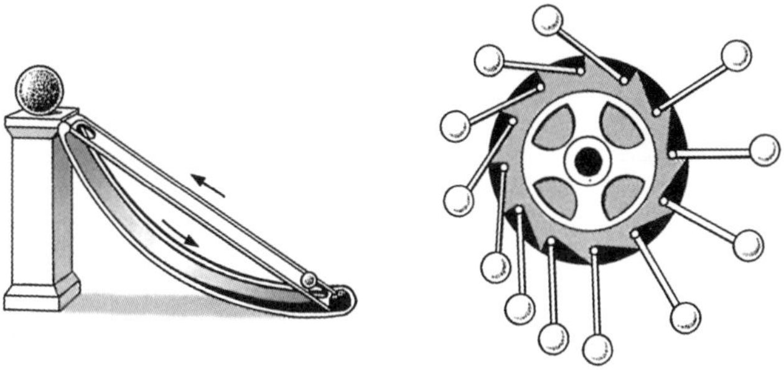

【圖8】永動機

（節錄自雅科夫．別萊利曼〔Yakov Perelman〕《續．趣味的生活物理學》〔暫譯〕東京圖書出版，約瑟夫．佩雷茨〔Yosif Perets〕《快樂的物理之國》〔暫譯〕東京圖書出版）

引，沿著導雨管攀過去。最後鋼珠就會到達頂端，從洞口處掉進下方彎曲成拱形的導雨管中。接著，鋼珠就會被磁鐵吸引，沿著上方的導雨管攀過去；於是，鋼珠就會永遠不停地在上方的導雨管和下方的導雨管之中移動。那麼，這是真的嗎？麻煩各位想想哪裡不對勁。

第一種永動機違反能量守恆定律。從經驗中可知，能量會轉換成動能、位能、熱能、電能及其他各種形式，但其總體量會隨時保持一定（守恆）。假如剛開始能量為零，就會永遠為零。明確建立出能量守恆定律，是在西元一八三八年的事情。動能因摩擦轉換成熱能，一定會逐漸減少，所以運動終究會停止。或許可以說就是因為第一種永動機沒有成功，才會發現能量守恆定律。

或許有人心懷疑問，「明明沒有從外面提供任何能量，為什麼玩具飲水鳥一直動個不停？」當然，這其實是用了太陽能，只是看起來沒有從外面提供能量而已。飲水鳥站立時，滲進頭部布料裡的水遇到太陽的熱會蒸發。水在蒸發時會奪走氣化熱而變冷，管內的氣態醚會化為液體，導致壓力下降。因此，尾部氣態醚的壓力就會比頭部的壓力高（有時遇到太陽的熱也會蒸發為氣體），將液態醚頂上去。這麼一來頭部就會變重，飲水的姿勢就會改變。擺完飲水的姿勢後會馬上起身，是因為裝置經過設計，這時管子會從尾部的液面離開，變回液態醚。來自太陽的熱會改變醚的狀態，重心因而轉移，於是飲水鳥就會動個不停。

熱力學第二定律與第二種永動機

另一個要談的第二種永動機則牽涉到能量的品質。比方說，溫度高的水跟溫度低的水接觸後會怎麼樣呢？熱能一定會從溫度高的水流到低的水，而不是從冷水流到熱水去。無論哪邊的水總熱能都相同，滿足能量守恆定律，現實當中卻不可能發生這種物理過程。結果有人竟然主張第二種永動機在那樣的物理過程中會不停運轉。

比方說，海水溫度雖低卻帶有熱能，能憑這道能量發動船隻嗎？這時就要在船頭吸納海水，奪走熱能，藉此產生蒸氣旋轉渦輪發動船隻。被奪走熱能的水會變成冰，從船尾排放就好。假如可以做到這樣，相信能源問題就會解決。當然，那種事不可能發生。

就算溫度高的水和溫度低的水同樣帶有熱能，品質也不同。以先前第一種永動機的例子來說，一旦摩擦改變熱能，原本的動能就再也恢復不了。因此科學家就想出偵測能量品質的物理量，那就是「熵」（entropy）。以自然現象來看，熵一定會變大（熱力學第二定律〔second law of thermodynamics〕）。第二種永動機違反這項物理定律。

儘管永動機如以上所言失敗了，但在追究其原因的過程中，就發現了物理學的定律。

「科學革命」的時代

從十四世紀萌發的「文藝復興運動」，就如這個詞帶有「重生」的含意一樣，目標是讓古典時代（希臘羅馬）的文化及學問復甦及重生。另外，這也是從中世紀的束縛解放人類自由精神的時代。運動興起的背景是東西方交易透過絲路與海道繁盛起來。藉由文化的交流，能夠客觀地審視自己，找出更方便及更合理的觀念和新技術。

像是航海不可或缺的羅盤，儘管於二世紀在中國發現，其知識卻散播至阿拉伯，然後（透過十字軍）於十二世紀傳到歐洲。另外，船舵是在阿拉伯發明，於十三世紀傳到歐洲。這些的確讓十五世紀的大航海時代成為可能。眼鏡、玻璃鏡子和機械鐘表等是在十三至十四世紀發明，隨即散播到東西方。另一方面，火藥、大砲、火繩槍及其他危險之物也開發出來了。

從哥白尼（Nicolaus Copernicus，一四七三－一五四三）、伽利略（Galileo Galilei，一五六四－一六四二）、笛卡兒（Rene Descartes，一五九六－一六五〇）到牛頓，十六至十七世紀號稱「科學革命」的時代。近代科學在這個時代打下基礎。對中世紀天主教會權威的「懷疑精神」萌芽，排除超自然的力量，基於實驗和觀察探求自然，發現科學的方法。即使在科學當中，希臘的「理性論」也算是復甦和重生了。標示零的阿拉伯數字終於廣為流傳，原本在中國發明的木材造紙法普及開來。而開發出金屬活字的印刷技術（這也是中國率先發明再傳到歐洲），確實是有著科學革命的背景。科學的進展也必然有技術來支持。

這裡會談到成為科學革命分水嶺的事件，讓我們來思考那在奠定近代科學的基礎上，扮演什麼樣的角色吧。

地動說的復興

托勒密整理出來的「天動說」，從一開始就蘊含各種的問題。太陽和月球總會固定在恆星之間由西向東移動，但行星的移動方向相反（逆行現象），顯然是有所變化。另外，太陽和行星的天球移動的速度每個季節都在變。單純以太陽和行星在地球周圍做圓周運動

（circular motion）沒辦法說明這個現象，必須要把事情想得很複雜。行星要不是在圓心略微偏離地球位置的圓圈上運動（離心圓〔eccentric circle〕），就是在圓形軌道上移動的同時畫出小圓圈（本輪〔epicycle〕），移動的速度從地球看來並不一致，要下點工夫才能解釋行星的運動。最後就必須要準備五十個以上的圓。假如要堅持舊有的理論，就只好反覆修改部分內容，結果事情愈來愈複雜。

波蘭神父及天文學家哥白尼回顧希臘時代阿里斯塔克斯的觀點，想要探討以太陽為中心的「地動說」（這就是假說）。他基於這個假說採用的「模型」，是所有行星包含地球在內都繞著太陽轉的圓周運動。計算一下就可以知道，這個模型能夠極為自然地說明行星運動的逆行現象及外在明顯的變化。然而，要正確重現行星運動的速度和其他現象，就必須跟托勒密一樣衡量為數眾多的本輪和離心圓。阿里斯塔克斯沒能徹底擺脫圓周運動的思維，反觀哥白尼則觀測恆星，企圖證明地動說。要是地球在運動，能看到恆星的方向就會逐漸改變。這是因為會產生「視差」。然而用肉眼觀測沒辦法查出視差。實際上要到很久以後的一八三八年，才檢測出星辰位置的視差。

阿里斯塔克斯只是單純把太陽中心說當成邏輯方法在陳述，哥白尼卻努力從理論（模型）和觀測雙管齊下來證明。這一點就是「自然哲學」和「自然科學」的不同。原本這項觀念會跟基督教會的天動說正面交鋒，確實的證據卻沒有蒐集齊全。最後模型依然不完善，觀測證明也沒能成功，但哥白尼還是將地動說集結成著作《天體運行論》（暫譯，原名 *On the Revolutions of the Heavenly Spheres*）出版（一五四三年）。這次出版掀起軒然大波，教會以禁書為由禁止信徒閱讀。然而，這本書拜印刷技術之賜，廣泛傳遍於歐洲之中，成為許多學者包括伽利略在內，思考地動說的契機。

地動說的確立

地動說禁令在一八三五年終告撤銷，請各位讀者注意這一年。查出恆星「視差」直接證明地球在動的報告是在一八三八年，基督教會在那之前就承認了地動說。由此可知就算沒有直接證據，地動說在社會上也已成了常識。

就在地動說逐漸確立之際，相關研究也在逐步發展。布拉赫（Tycho Brahe，一五四六—一六〇一）詳實觀測行星運動（一六〇一年以前），克卜勒（Johannes Kepler，一五七一—一六三〇）將圓周運動的模型變更為橢圓運動（elliptic motion，一六〇九年），而牛頓則提出萬有引力和運動定律，進而做出理論式的證明（一六八七年）。觀測現象（布拉赫），提出假說和模型（哥白尼、克卜勒），發現物理定律（牛頓），從以上過程中可以看出進行科學研究的基本要素，已逐一到位。

科學實驗的重要性

伽利略在科學革命中扮演了重大的角色。他十七歲時（一五八一年），從比薩大教堂的天花板上看到青銅燈在搖晃，發現燈具搖晃的幅度是依風的強弱變大或變小，但來回振動一次的時間則固定不變。因此，他就回家製作單擺，用各種方式搖晃，查明結果是否為真。據說當時的伽利略用脈搏測量時間。一旦注意到不尋常時，就透過實驗查明，這就是伽利略發現的方法。

一五八六年，荷蘭的賽門・史蒂文（Simon Stevin，約一五四八－一六二〇）讓重的石頭和輕的石頭同時落下，結果發現兩者同時撞到地面（這則故事後來成了伽利略的軼聞，說成是自己用比薩斜塔做實驗，名人就是吃香）。以前（兩千年前），亞里斯多德曾在〈本性論〉（暫譯）當中斷言「愈重的物品愈容易在低處，所以會迅速落下」。這顯然很矛盾。伽利略沒有讓物體從高處落下，而是改用斜面來實驗。當時沒有正確測量短時間的鐘表，因此就設法用斜面讓物品慢慢掉下來。這告訴我們就算實驗乍看之下似乎很困難，也可以動腦筋解決問題。（按：《論天》第一卷第六章談到重物移動的速度較快。《物理學》第二卷第九章裡頭只講到重物往下，輕物往上，並沒有提到兩者掉落速度的差異。）

伽利略透過這項實驗，發現兩個物體會以同樣的速度在斜面落下，與重量無關，而且速度會隨著時間以固定的比例變大。輕盈的物體乍看之下掉得很慢，顯然是空氣的阻力（或摩擦）所致。另外，伽利略還預測速度之所以隨著時間加快，是由於固定的重力在發揮作用。

既然如此，假如沒有阻力或摩擦，重力也不發揮作用時，以某種速度運動的物體會怎麼樣呢？想必一定會以同樣的速度持續運動吧。這就叫做「慣性定律」（law of inertia），納入牛頓運動第一定律（Newton's first law of motion）當中。

我們居住在有阻力和摩擦的世界上，運動的物體必定會停止，然而這並非運動的本質。這時就需要循序漸進，先揭露沒有阻力和摩擦狀態下的運動定律（以同樣的速度持續運動），之後再衡量阻力和摩擦查探現實的運動。像這樣在理想狀態下確立物理定律，堪稱是科學最重要的工作。因此，就必須透過實驗營造理想狀態，藉此查探物體的運動和性質。伽利略是第一個像這樣在科學中展現實驗重要性的人。

【圖9】伽利略

伽利略使用當時剛發明的望遠鏡，發現銀河是由無數的星星聚集而成（希臘的德謨克利特闡述過這種說法），月球上有山有坑又有「海」（連山的高度都可以從影子的大小計算），還找到木星的四個衛星及太陽黑子。他從這些發現當中，判斷塑造月球的物質跟地球一樣，地球也在自轉（因為從黑子的動態得知太陽在自轉），宇宙不僅止於太陽系，而是由無數星星組成規模更龐大的集合體。伽利略將人類所知的宇宙一口氣擴大，由此可知新技術在進行科學研究時扮演非常重要的角色。

實驗器具的發明推動科學研究

伽利略出版了主張地動說的著作《天文對話》（暫譯，原名 *Dialogue on the Two Chief World Systems*），因而遭到宗教審判。據說他被迫放棄地動說，但他曾經陳述：「儘管如此，地球還是在旋轉。」然而，其實伽利略本人並未發現地動說的直接證據。幾個情況證據統統成了支持地動說的根據。後來羅馬教宗就在一九八九年為伽利略審判錯誤一事謝罪。

一旦認識到實驗科學方法的重要性，實驗工具就可以在各個領域中下工夫，讓科學的範圍愈來愈廣泛。比方像溫度計、氣壓計、空氣幫浦和其他類似發明，推動了化學和流體的研究。透過顯微鏡觀察細胞、微生物、細菌及其他東西，擴展了生物學和醫學的天地。那些統統都在十七世紀開拓而成，果然稱得上是「科學革命」的時代。

科學的方法論

接下來要考察進行科學研究的方法，這在科學革命之際扮演了重要的角色。英國的法蘭西斯・培根（Francis Bacon，約一五六一－一六二六）在其著作《新工具論》（暫譯，原名 *New Organon*）當中（一六二〇年），主張「科學這門學問是從觀察和實驗獲得的知識中，追求更普遍的定律」。這種科學的邏輯方法叫做「歸納推理」（inductive reasoning），培根是史上第一個論及的人。以前，亞里斯多德在其著作《工具論》（暫譯，原名 *Organon*）當中提出「演繹推理」（deductive reasoning）的邏輯方法，從原理或公理出發推演至現象。相形之下，培根的主張則可以算是以經驗為基礎的實證科學。換句話說，就是擁護先前由伽利略等人發起的實驗科學，從理論上支持這個方法。

反觀法國哲學家及數學家笛卡兒則發表《笛卡兒談談方法》（*Discourse on the Method*）和《哲學原理》（暫譯，原名 *Principles of Philosophy*），針對進行科學研究的方法提出具體的建議。他主張科學研究的宗旨不是在問「以什麼目的製造什麼東西（客觀自然）」，而是查明「為什麼會這樣運作」。以往的學問是在讚揚神的偉大，探尋神的目的，就算神的旨意有問題也無可奈何，因此他強調要盡量揭露自然的機制是什麼樣子的。

笛卡兒認為人類由「身體與心」所構成，身體可以當成機械來看待。他有句很有代表性的名言叫「我思故我在」，認為對一切抱持猜疑心的自己，才是真的確切存在。因此要以這份猜疑心思考物質世界的情況（其他生物看起來沒有心，也可以把牠們當成機械硬塞進客觀世界裡）。

笛卡兒主張科學的方法是「以更基本的物質特性和運動說明客觀世界的現象」。這個方法現在稱為「化約主義」，曾在許多領域當中獲得成功。現代科學的成功要說是因為笛卡兒的方法也不為過。然而，對此的反省已在第二章稍微談過了。

新數學的開發

前一章已經談過數學在描述物理定律時的重要性。科學革命的時代當中，開發新數學或許也是理所當然。從十六世紀到十七世紀，數學家發現了負數、小數、對數和虛數。此外，人們開始使用代數符號（以 x 代表未知數），不只是特殊場合，一般討論時也會提及。一九九五年終於獲得證明的「費馬定理」（Fermat's theorem），就是一六三七年由皮埃爾．德．費馬（Pierre de Fermat，一六〇一－一六六五）寫在紙上空白處的概念（為了不在賭博上吃虧，布萊茲．帕斯卡〔Blaise Pascal〕和費馬也在這時研究機率論）。

【圖10】笛卡兒

笛卡兒設定 x 軸、y 軸和 z 軸的坐標系（所以這稱為「笛卡兒坐標」），將代數和幾何學結合起來，開發出「解析幾何學」（analytic geometry）這項新數學。另闢新徑之後，代數問題（比方說要求出二次方程式的解）就能用幾何學來解（二次曲線與 x 軸的交點），反之幾何學的問題（比方說要查明兩個直線是否為正交）也能用代數來解（查明係數之間的關係）。另外，牛頓則把腦筋動到微分和積分法上（同時間德國的哥特佛萊德・萊布尼茲〔Gottfried Leibniz，一六四六－一七一六〕也是如此），解開自己提出的運動方程式（要解開運動方程式，開拓新數學或許會比較正確）。

科學的交流與發表

科學絕不是一個人就能推動。要經過實驗和觀測，建立模型、經驗定律、假說和原理，在一個又一個的階段中累積邏輯和證據，方能建立一套理論體系。因此，進行科學研究時要備妥條件，好讓科學活動公開，重新實驗，求證正確度。像是公開研究成果，正確記錄結果，讓科學家之間相互批判等。這時需要的莫過於能以客觀的證據判斷是誰、何時及怎樣發現的，否則就不知道誰是真正的發現人。既然科學也是人類的工作，個人的成績和榮譽就必須要獲得正當的評價。

以下要介紹的知名事件是「三次方程式的解法由誰發現」。義大利的數學家尼科洛・塔爾塔利亞（Niccolo Tartaglia，一四九九—一五五七）找到三次方程式的一般解法，卻把這項發現視為祕密。當時（一五三五年）認為學問還是「個人素養」，沒有公開發表的習慣。後來數學家吉羅拉莫・卡爾達諾（Girolamo Cardano，一五〇一—一五七六）欺騙塔爾塔利亞，以套話問出結果，當成自己的發現公開。雖然塔爾塔利亞向卡爾達諾抗議卻為時已晚，發現三次方程式解法的人變成了卡爾達諾。那麼，各位對這起事件怎麼看呢？

發表結果的重要性

確實，卡爾達諾欺騙塔爾塔利亞，不過，卡爾達諾的行為給了科學的世界重要的教訓，那就是重要的結果應該發表。假如先發現卻沒公開，就會一直都沒人知道，從世間看來就跟尚未發現沒兩樣。因此發生這起事件之後，就建立了第一發表人和第一發現人的規則（附帶一提，卡爾達諾是個優秀的數學家，他率先研究機率論，發現將負數帶進代數的四次方程式解法）。

既然如此，哪一種發表結果的方法值得考慮呢？科學革命之前的時代，科學本身的研究可說是業餘工作，數量也很稀少，搶第一更是罕見。那種時代會採取幾種方式公開結果，假如是某項發現就寄信給朋友，某個命題的主張就寫書，天文觀測之類的資料則要透過國王的布告。跟現在的「論文」相比擬的是寄給朋友的信（寫書要花時間，不可能馬上發表）。遇到誰先發現的爭議時，標上日期的信件就會成為證據。當然，要是怕遺失就寫一封以上，不過也要擔心途中信件遭竊，成果被人奪走。因此有人會用左手寫得很難看懂，以鏡像文字書寫（照鏡子後就能正確閱讀），或是做成無字天書，火烤之後才會浮現書信內容，相當費事。達文西（da Vinci）和伽利略苦心防盜的信件和筆記仍然遺留至今。

科學家集團的成立

隨著卡爾達諾事件發生，眾人認識到發表成論文的重要性，彼此交換及討論資訊的風氣就同時冒了出來。科學研究的成果如雨後春筍般出現，眾人同心協力避開羅馬教會的壓力，後來從羅馬教會獨立的世俗國王開始獎勵科學，於是某些科學家公營機關就應運而生，相當於現在的學會。義大利率先建立科學家交換資訊的場所（一五六〇年），但在宗教法庭打壓之下就解散了。

這樣的趨勢傳到英國，於是從一六〇〇年起就舉辦了非官方的科學家集會。而後在一六六二年，查理二世（Charles II，一六三〇—一六八五）提供法律許可，創辦「皇家學會」（Royal Society）讓科學家齊聚一堂。科學能夠提高國家的威信，還可以獲得實質上的利益。獲選為皇家學會會員就證明這個人是一流的科學家，能在集會上發表論文是極為光榮的事。換句話說，科學這個工作獲得社會認可，逐漸與國家之間產生聯繫（比方說，牛頓擔任皇家學會的會長之後就形同出任政府要職，相當於現在的財務部長）。

發表論文所具備的意義

皇家學會起初的要務是制訂論文發表的規則。研究成果要彙集成論文，由同樣專業的科學家審查（稱為同行評審〔peer review〕），通過審查後就刊登在皇家學會發行的雜誌《自然科學會報》（暫譯，原名 *The Philosophical Transactions of the Royal Society*），這就是一般的公開方式。另外，為了解決研究成果不積極公開，以至於惹出誰先發現的爭議，於是皇家學會祕書長亨利・奧爾登伯格（Henry Oldenburg，一六一九—一六七七）就想出了一個辦法（一六六七年）。那就是透過專家審查維持論文內容的品質，透過刊登在公家雜誌上保障發現人的權益。即使是現在也會採用這種標準的論文公開法。

科學家群聚的學會和論文公開的方式就這樣確立下來，讓科學家之間得以交換資訊，開誠布公地討論，同時科學活動會以公正的規則進行，從社會角度來看顯然是重要的一步。另外，科學家之間相互批判會提升科學的內容，證明科學是值得信賴的活動。我認為這一點是集科學革命關鍵之大成（英國現在有許多學會的名稱會加上「皇家」〔royal〕一詞，這是傳統習慣所致，實際上負責營運的是個人加盟的民間團體）。

science 的意義

前面談到英國發行了世界最早的科學論文雜誌《自然科學會報》，讓我們想想為什麼原文會命名為「哲學（philosophical）會報」。現在我們會用「科學」一詞代表研究自然物質結構、運動及演化的領域，而當時則是叫做「philosophy」（意思為「愛智」，日文翻譯成「哲學」）。科學是廣泛知識體系的一種，是「philosophy」的一部分。看樣子希臘時代以來的「自然哲學」傳統保存下來了。「science」（語源是拉丁文中的「scientia」）這個詞也是指比自然科學還要廣，然而使用範圍比 philosophy 稍微窄一點。

所以科學家長期稱自己為「philosophy」，而不認為是「scientist」。即使到了一八七〇年代，強力擁護達爾文演化論的赫胥黎（Thomas Huxley），也拒絕別人叫他「scientist」。雖然有部分理由在於原本 scientist 不是英文，而是新詞，但他似乎是討厭「從事科學（science）工作的人（ist）」的語感。他認為自己是「愛智（philosophy）之人（er）」，而不是科學專家。

科學的轉變：與國家連結

這一節要談談歐洲從一九世紀後半到二十世紀之間，科學（science）的意義大幅改變意味著什麼。以往科學是智慧體系（文化）的一部分，當成個人素養在研究。因此，要是沒有擁有龐大的資產，或是找不到有錢的金主，科學研究就延續不下去。從十八世紀到十九世紀的工業革命，當然是在科學革命成果上開出的花朵（反觀工業革命則開拓出「熱力學」的物理範疇），但這時科學和技術還不一定密切相連。

二十世紀初，時間還過不到一百年，科學（science）就專門指自然科學，科學家（scientist）則指研究物質世界的專家。意義這樣改變是由於科學顯然對國家有用。科學與技術強力結合，發揮強大的力量在生產新機械和物質上。只要在觀察基礎研究的同時發現技術應用，就可以獲得龐大的財富。國家投入稅金到科學研究上，整頓制度以組織化方式培育科學家。那是筆龐大的科學預算，研究體制要以大學為中心（當然，自古以來就有人興辦大學，但那終究是傳授教養的地方，以往國家從不保障研究費）。

再者，就如原子彈的開發一樣，國家藉由動員科學家，讓荒謬的專題成功，獲得強大的力量。科學不只要提高生產力，還要證明對國家的威信「有幫助」。如今科學成了國家重要的部門，對社會的動向帶來巨大的影響。科學革命雖以文藝復興為背景，然而現在若把科學這個背景抽走，就談不上未來了。

日本的特殊性

由此可知發源於西洋的近代科學，這一百年來產生了很大的變化。其中的意義將會在下一章說明；但在日本，需要掌握的重點則有些不同。日本展開進化化比西歐諸國還要晚，科學是先從輸入和模仿起步，與技術結合下難分難解的聯繫（號稱與「科學技術」連結），只獎勵「有用的」科學。至於科學怎麼產生，在怎樣的歷史中調整形態，科學家是怎樣的人，跟社會應該要有什麼樣的關係，這些問題以往未曾深入思考過。這會反映在現代日本科學的面貌，眾人的科學觀和科學家的狀態嗎？關於這一點將會在第四章探討。

第四章

推敲現代科學與科學家

現代科學的目標

科學的目標是透過實驗和觀測，明白物質世界的起源、結構、性質、反應、運動、演化和其他知識，藉由基本的原理和定律加以闡明。再將原理和定律的根據回歸到更基本的原理和定律來闡明。就在這種不斷重複的過程當中，科學的第一線就超越日常的藩籬，歸類到更加微觀的世界當中。這裡將會以幾個研究為主題，總結哪些研究累積出成果，以及現在對什麼現象了解到哪種程度。

探索物質的根源

探索「物質由什麼東西形成」，可說是自然科學最為基本的問題。

一八〇三年，化學家道耳頓（John Dalton）為了闡釋經由化學實驗發現到的定比定律和倍比定律，因而提倡「原子論」。他發現假如將每個元素視為由各個固定的「原子」所組成，「化合物」則是由原子以簡單的比例結合的「分子」所組成，就可以輕鬆說明實驗結果。他使用的「原子」一詞源於希臘的德謨克利特。「化學」這門學科是要查出相鄰的原子或分子所帶的電荷之間，作用的庫侖力會引發什麼反應。據說現在世界上一年會合成將近一萬種化合物。

釐清原子並非由無法分割的粒子架構而成，是藉由原子放射的光線（光譜〔spectrum〕）、電子的發現和光電效應（photoelectric effect，光束遇到原子後發射出電子的現象）等。有人曾在真空狀態下進行原子和光反應實驗。為了說明這些實驗結果，湯姆森和長岡半太郎博士提出原子模型，再藉由拉塞福的實驗，得知原子是由帶正電的小型原子核和散布的電子所組成。後來還發現每個原子分別帶有電荷相異的原子核，能夠依照電荷數替原子編號，而原子的反應和原子散發的光譜，則可以透過圍繞在原子核外的電子有什麼量子性質來理解。

匯集許多原子的物質會有固體、液體、氣體之類的「相變」（phase change），假如在高磁場、及低溫和超高壓狀態下混合不同的原子之後，物理性質（比熱、膨脹率、磁化率和電阻等）就會有所變化。這些變化取決於物質當中多數電子的動態。「凝聚態物理學」

（condensed matter physics）這門學科就是在查出物質的物理性質。如今電子學（electronics，電子的英文叫做「electron」）已運用在生活的各個方面。

探討原子核的結構

就如以上所言，從更基本的物質特性和結構了解實驗得知的經驗法則，這個方法是成功的。另外，科學的分類也因應各個物質而拓寬了。過程當中還釐清微觀世界物質的運動定律並非牛頓力學，而是要以量子力學來描述。再者，探討物質根源的研究也逐漸趨向於探討原子核的結構。

藉由元素的放射性衰減、元素同位素（isotope，指元素相同但重量不同的東西）的發現、原子核反應實驗及其他方式，逐漸釐清原子核是由質子和中子（這些稱為「核子」）所組成（一九三二年）。發現結合核子之力的人是湯川秀樹博士。研究原子核時必須讓高能量粒子撞擊原子核。剛開始是利用放射性衰減射出的 α 射線（氦的原子核），後來終於開發出加速裝置讓帶電粒子（電子或質子）獲得高能量。可以說正是這種技術開發，讓微觀世界的研究成為可能。「原子核物理學」這門學科就是要試圖從核反應獲得的資料，釐清原子核的結構和運動。

探索物質根源的研究和研究物質間的作用力是同時進行的。最早透過物質間作用力發現的是牛頓的萬有引力，時間在一六八七年。接著發現的則是帶電粒子之間的庫侖力，時間在一七八五年。

原子核內的作用力稱為「強力」（通常叫做「核能」），原因在於這比庫侖力還要「強勁」，強度大約是的庫侖力的一萬倍。因此，就算分量相同，然而跟庫侖力掌控的化學反應相比，核反應（比方像是鈾分裂）能夠擷取一萬倍的能量。掉在廣島的原子彈爆炸威力大小為「二十千噸」，這種講法是因為換算成TNT炸藥（Trinitrotoluene，化學炸彈）就會等於兩萬噸的爆炸力。相信各位知道這份爆炸力究竟有多大。運用核能就是始於第二次世界大戰期間原子彈的開發（曼哈頓計畫）。

基本粒子的出現

雖然知道原子核是由核子（質子和中子）所組成，不過核子也具備結構這件事則是從核子之間的反應得知的。科學家發現「強力」之下會有所反應的是 Λ 粒子（lambda baryon）或 Σ 粒子（sigma baryon）（這些叫做「重子」〔baryon〕），跟中子和核子同類，而「強力」之下不會反應的則是緲子或微中子（electron neutrino）（這些叫做「輕子」〔lepton〕）。於是為數眾多的「基本粒子」就從以往只有核子和電子的時代中出現了。當然，這是因為開發出來的加速器可以將粒子加速，以達到相當高的能量。另外，科學家也詳細調查基本粒子衰減或變成其他粒子的反應，還得知作用於其中的「弱力」有什麼性質。稱為「弱力」是因為力量與庫侖力相比「弱了」千分之一。

為數眾多的基本粒子要怎麼彙整，就成了「粒子物理學」（particle physics）的目標。這種觀點就是「對稱性」或「守恆定律」。重子在「強力」之下會有所反應，但是「強力」展

夸克三世代

第一代	u（上夸克〔up quark〕）	d（下夸克〔down quark〕）
第二代	s（奇夸克〔strange quark〕）	c（魅夸克〔charm quark〕）
第三代	b（底夸克〔bottom quark〕）	t（頂夸克〔top quark〕）

輕子三世代

第一代	e（電子〔electron〕）	ν_e（電子微中子〔electron neutrino〕）
第二代	μ（緲子〔muon〕）	ν_μ（緲子微中子〔muon neutrino〕）
第三代	τ（陶子〔tauon〕）	ν_τ（陶子微中子〔tau neutrino〕）

【圖11】

現出什麼樣的對稱性，則要在查驗時建立「模型」，將模型預測的結果與實驗相比。而為了滿足這種對稱性，就必須探究重子當中最少需要幾個基本粒子，以及這些粒子具備什麼樣的性質。

科學家就這樣發現基本粒子當中有三代六種的「夸克」（參照上方表格）。然而目前為止，夸克還沒有被單獨直接檢測出來。不過無論哪個實驗都與夸克模型相當一致，還驗明出基本粒子之間的反應呈中間狀態時，將會關係到夸克的反應。所以夸克模型可以視為正確。就跟黑洞一樣，即使我們不能直接看到實物的形貌，但從種種證據中就可以肯定其存在。這一點原子論也走過同樣的道路。自從道耳頓讓原子論復興之後，測量原子的大小也是一百年後的事情，不過人類從很久以前就相信原子的存在。要等到一九八〇年代後半，才可以實際看到一個原子。

反觀輕子則會在「庫侖力」和「弱力」之下有所反應。從這些力量的「對稱性」研究當中，果然找出三代六種的「輕子」。其中的電子和三種微中子很穩定，無法再分割下去，可以當成真正的「單元」粒子。這六種輕子統統被人發現，藉由實驗證明出沒有更多的輕子存在。

這種夸克和輕子都可分為三代六種，彼此擁有對應關係的模型就叫做「標準模型」（standard model）。然而，我們不曉得為什麼會變成這樣。模型成立的理由必須要從更根本的物質去尋求。

目前物質間我們所知的作用力統統都出現了，就是重力（萬有引力）、庫侖力（電磁力）、強力和弱力這四種。為什麼會有四種力呢？這些本為一體，是基於什麼理由分為四種呢？就如對稱性的段落所言，這是為了打破原本對稱性很高的狀態（一種力），產生具有特徵的結構（四種力）。愛因斯坦晚年埋首於統一描述重力和電磁力的理論研究。最後這項嘗試沒有成功，但是從更單純的結構出發，打破對稱性，產生複雜結構的想法，從以前就有物理學家思考過了。

實際上，我們知道弱力和電磁力的強度在非常微觀的狀態下會變得相同，能夠統一，藉由實驗就能證明這一點。如此一來，研究就可望進展到統一強力甚至是重力，不過現在尚未成功。這是今後重要的課題。

以下是歸納從實驗獲得的經驗法則、其中扮演重要角色的物質，以及對應這些研究的科學學科。

【圖12】

（經驗法則）	（物質）	（科學學科）
化學反應	原子	化學
物質的物理特性	為數眾多的電子	凝聚態物理學（物性物理學）
核反應	原子核	原子核物理學
基本粒子反應	夸克和輕子	粒子物理學

宇宙與地球的起源和演化

「我們居住在什麼樣的世界，世界如何產生，我們在其中怎麼誕生和演化？」這個問題堪稱人類誕生以來不斷抱持的疑惑。

正式研究宇宙的起源和演化始於一九二九年，起因在於美國的愛德溫・哈伯（Edwin Hubble）發現「宇宙正在膨脹當中」。愛因斯坦在那之前發表過方程式描述宇宙怎麼運動，還發現了幾個解答。然而，除非了解現在宇宙處於什麼狀態，否則就不知道方程式是否正確，就算發現解答也單純只是紙上談兵。果然科學要先針對自然現象觀測及實驗，再開始研究。

宇宙膨脹是從遠方的銀河離開的速度與跟我們的距離成正比（哈伯定律〔Hubble's law〕）推論而來，當形狀保持固定而整體變大時（均勻膨脹），就會形成這種膨脹定律。俄羅斯的亞歷山大・弗里德曼（Alexander Friedmann，一八八八—一九二五）就是從既有的愛因斯坦方程式獲得解答，預測出這種膨脹定律。

宇宙論的難題

發現宇宙膨脹之後，馬上就出現以下兩個難題。假如追溯過去宇宙膨脹的現象，就會發現宇宙是在有限的過去中從某一點開始。於是「宇宙如何誕生」的「宇宙起源」就成了問題。另外一個問題則在於宇宙膨脹後空間會拓寬，密度和溫度會下降，所以宇宙的形貌會時時改變。於是「宇宙怎麼演化成現在的模樣」的「宇宙演化」就成了問題。其實這兩道難題至今仍是宇宙論最大的課題，現在還尚未解開。從發現宇宙膨脹之後過了將近七十年，為什麼解決不了這兩個難題呢？

關於宇宙的起源方面，科學家假設宇宙始於非常微觀的狀態，比基本粒子還要小，沒有物質根源方面的知識就解決不了。再者，時間和空間也是隨著宇宙的誕生出現，這兩者的起源也是個問題。換句話說，就是沒有「在那之前」，也沒有「宇宙誕生的地點」。史蒂芬・霍金（Stephen Hawking，一九四二—二〇一八）等人曾經提出思考時必須將物質、時間和空間時視為一體，但現在仍然解不開這道難題。

關於宇宙的演化方面，則必須知道現在宇宙正確的形貌，以及過去的宇宙是怎樣變化而來。研究地球和生命的演化時，要查探過去的地層和化石，推測過去的狀態。同樣的，假如沒有一定的過往資訊，就無法談論演化。雖說有了大幅的進展，但是宇宙的過去和現在宇宙形貌的相關資訊仍然不足，無法詳細論證宇宙的演化。

雖然老是在講這個領域的困難之處，但反過來說，正因為有困難，日後的研究才有很大的機會突飛猛進。正因為尚未開拓，才有許多空間有系統地探究嶄新的方法和高度的技術，進行以往從未想過的觀測，描繪全新的宇宙形象。

現在我們認為宇宙是從高溫及高密度的狀態開始膨脹（和炸彈爆炸時類似），再從膨脹的過程當中產生銀河和星星。這就叫做「大霹靂（big bang）宇宙」，實際模型是由喬治．伽莫夫（George Gamow，一九〇四－一九六八）於一九四八年提倡。科學家以這個宇宙模型為基礎，具體研究宇宙的演化。尤其是進入一九七〇年代之後，高科技應用在宇宙觀測上，

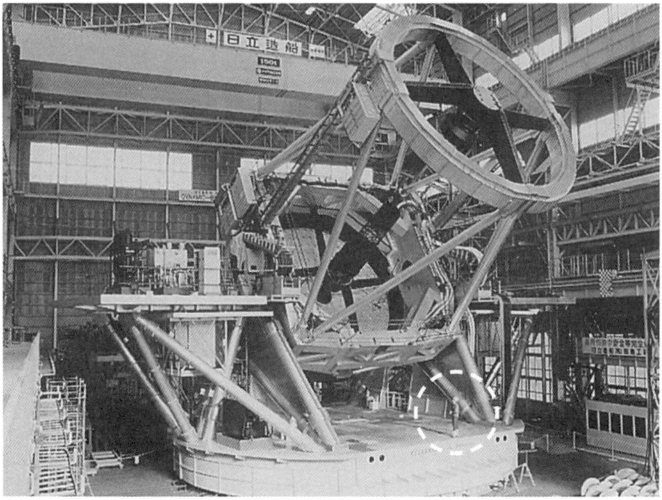

【圖13】建造中的昴星團望遠鏡（subaru telescope，右下方圈起來的地方，可以看見人在望遠鏡下方）

能夠捕捉到遙遠而黑暗的銀河風貌。於是就在實證科學上有所進展，架構出以觀測的事實為基礎的宇宙論。再者，關於今後的計畫則有各種的討論，包括建造大型望遠鏡、用許多望遠鏡共同觀測、人造衛星、月球天文臺和行星探測器等。像是日本就在夏威夷的毛納基山（Mauna Kea）上建造直徑八公尺的大型光學望遠鏡「昴星團」〔Subaru Telescope〕），想必會在二十一世紀大顯身手。

行星是怎麼形成的？

「地球的誕生與演化」的疑問，是與天文學和地球科學相關的重要課題。

另一方面，星星誕生時要在什麼條件下，比例要多少，行星才會誕生，則是天文學上的重要問題。銀河每年會誕生十個左右的星星，其中八成是雙星，有時會伴隨著行星。星星的誕生過程是銀河演化當中最重要的物理過程，觀測研究與理論研究結為一體蓬勃發展。相信也有人知道巨大的哈伯電波望遠鏡。銀河當中星星正在誕生的地方會放出電波，哈伯望遠鏡會接收這種電波，查出氣體的溫度、密度、組成、運動和其他物理狀態。最近發現了不只一個帶有行星的星星，就如理論所預料的一樣，顯然太陽系不是唯一的行星系。今後將會更仔細地觀測是否有類似地球的行星存在。

另一方面，「行星科學」的新學科則正在孕育當中。這是在研究各個行星形成之後，要是質量及離太陽的距離不同，將會演化成什麼樣子。比方說金星和地球的重量幾乎相同，但金星被二氧化碳氣體所覆蓋，成了攝氏四百度的灼熱地獄，想必生命完全不可能誕生。為什麼會產生這麼大的差異？另外，一九九四年巨大彗星的碎片撞上木星，地球有沒有發生過那樣的事情？對地球造成什麼影響？行星演化的研究會拓展開來，是因為透過行星探測器和人造衛星搭載的望遠鏡觀測，發現行星的物理狀態跟地球一樣。這樣說相信各位會非常清楚，行星科學一方面是天文學的延伸，另一方面則是地球科學的延伸。

單一系統之下的地球

當然，研究地球本身時要蒐集五花八門的資料，以便充分了解過去的事件。不但要調查化石和地層，還要分析殘留在樹木和貝殼上的年輪、堆積在海洋和湖泊中的泥土成分、蘊含在南極冰塊和冰河的同位素及其他現象，從中釐清地球演化時刻劃的各種韻律。另外，科學家藉由研究大陸和海底的移動，得知地球是在運動的同時演化，稱為板塊構造論（plate tectonics）。這種運動會影響氣候變遷與洋流流動，地球環境也會大幅改變。那當然也會大為影響生物的演化。

科學家發現我們必須將地球視為一個系統，由固體的大陸和島嶼、液體的海洋和氣體的大氣這三相交互作用，過程當中生命會在環境的影響下成長，生命本身再反過來改變環境和演化。這種將地球視為一個複雜的系統的研究才剛起步，卻牽涉到人類的未來，相信日後這門學科會愈來愈重要。宇宙史當中的地球，地球史當中的生命，以及將自然視為類似於連綿不絕的紡織品，這種觀點正在拓展當中。

生命的邏輯

經常有人會問「宇宙中除了我們人類之外，有沒有其他生命？如果有，那種生物會和我們一樣嗎？」這時我會回答：「宇宙中或許有很多生命，行星的誕生是極為普通的物理過程。但我不知道那種生物究竟會不會跟地球的一樣。另外，現在還沒釐清生命是如何誕生的。」而且還會補充說明：「所以，假如外星人真的搭飛碟過來，這將會是生物學和文化上的大問題，要是能夠提供這種重要的情報，就足以拿到五個諾貝爾獎。既然完全沒有那種消息，可見外星人的說法是騙人的。」

生命跟其他無機物質的不同之處有三個，那就是在獨立於外界的情況下維持生命的活動（代謝），複製屬性傳給子孫（遺傳），以及從單純的型態演變成複雜的型態（演化）。負責這三種機制的「細胞」，是由羅伯特・虎克（Robert Hooke，一六三五—一七〇三）於一六六五年發現，離顯微鏡發明沒過多久。細胞當中的哪個部位會成為這些機制的關鍵？探究後發現，代謝是由一種叫做細胞質的液體進行，核心當中的ＤＮＡ（脫氧核醣核酸）與遺傳和演化有關。一九五三年詹姆斯・華生（James Watson，一九二八—）和法蘭西斯・克里克（Francis Crick，一九一六—二〇〇四）發表的報告指出，ＤＮＡ是架有鹼基橋的雙螺旋，鹼基排列的方式會形成遺傳資訊，確立現在生物學以ＤＮＡ為主軸的基礎。

以物理學的方法分析DNA的結構

進展到研究DNA結構的過程，就跟原子論和量子論確立的過程極為相似。

首先，科學家爭論染色體當中是由蛋白質還是核酸負責遺傳。實驗結果發現，從能夠將碳氫化合物轉換成別的東西來看，是由DNA這種物質勝出。現在已經知道地球上所有的生物都是以寫在DNA上的資訊為基礎，塑造身體，延續生命活動。生物的演化和DNA資訊的變化相呼應。

科學家發現到一項經驗法則，那就是DNA會再分解及分離到鹼基的程度，兩組鹼基（鳥嘌呤〔guanine〕與胞嘧啶〔cytosine〕，腺嘌呤〔adenine〕與胸腺嘧啶〔thymine〕）的數量絕對相同（查格夫法則〔Chargaff 's rules〕）。無論是什麼樣的發現過程，這項經驗法則（比方說原子論就是定比定律，量子論就是光譜分布等）都扮演重要的角色。另外，科學家還幫DNA照X光，推測出螺旋結構，最後建立出兩組鹼基成對搭橋的模型。

那麼要如何撰寫密碼，用鹼基對來製造胺基酸，再組合胺基酸合成蛋白質呢？釐清這一點的人是大霹靂宇宙的提倡者伽莫夫，他證明三組鹼基對能夠製造出一個胺基酸。伽莫夫這個人研究過基本粒子、核反應、宇宙演化和遺傳資訊，所具備的研究成績實在多彩多姿，但從他身上似乎可以了解，只要掌握基本的邏輯和定律，任何對象都可以適用這種觀念。生命現象也可以透過這項原理探求更為根源的物質結構和性質，物理學的方法成功了。

遺傳資訊的解讀和生命的起源

現在世界各國正在爭先恐後地研究如何解讀寫在DNA上的遺傳資訊，企圖判讀出基因的哪個部位寫著什麼樣的遺傳資訊。人類的DNA約有三十一個鹼基對，全部解讀似乎要花相當多的時間。假如能夠解讀出來，就可以知道要以什麼樣的資訊製造出生物。另外，跟各種生物的遺傳資訊比較之後，還可以知道生物如何演化。

從遺傳資訊形成實體生物的過程，各種防禦活體的架構（像是排除異物的「免疫」作用），讓身體順利發揮功能的機制（像是酵素和荷爾蒙的作用），生命的演化（像是從魚類、兩棲類、爬蟲類、哺乳類、猴子演化到人），以及其他生命多樣化的一面，要從DNA的層次、胺基酸的層次、蛋白質的層次，以及因應各種問題的分子層次來研究。

然而，目前還沒查明生命是如何誕生的。原始的地球處於什麼樣的狀態，這會引發什麼樣的化學反應，借助DNA的遺傳方式是偶然還是必然，還有其他許多未知的要素。活在極端條件下的生物或許可以提供啟發，像是活在高溫溫泉當中的生物，活在強鹼水當中的生物，或是對磁氣有強烈反應的生物等。關於生命的起源說不定還要花時間解決，單憑這些就是有挑戰性的學科了。

研究生命三十五億年的歷史和三千萬種的生物，日後一定會愈來愈盛行。當然，如同之後將提到的一樣，研究時要面對「基因操縱」這項重大的問題，必須要仔細思考將來的方向。

基礎科學與應用科學

以上是我任職的理學院基礎科學研究學科當中第一線研究領域的目標。此外還有以電腦為中心的資訊科學（多媒體）和控制工程（機器人）、操控原子的奈米科技、愛滋和伊波拉之類的病毒學、人工臟器和臟器移植的醫學，以及其他與我們生活密切相關的應用科學類別，呈現出急速的進展。或許這些話題會讓「科學」比較有親切感。

不過，用在這些領域上的基礎原理和概念，是透過物理學、化學、生物學及其他基礎研究發現的。我稱之為「科學的技術化」，科學要經過技術化的過程，方能運用在社會和生活當中。我們絕不能忘記，正是因為基礎的科學研究，技術革新才會有所進展。當然，科學家做研究時不見得會思考這種事，但從結果來看，基礎科學會對人類的生活帶來莫大的影響。

另一點則在於基礎科學是人類的文化之一，會在自然觀和世界觀的形成上發揮關鍵作用。研究宇宙和地球的演化時，不會直接發揮某些「作用」。然而，了解基礎科學之後，就可以想像嶄新的世界，獲得勇氣，說不定會在思考如何生活時浮現啟示。這就與精湛的繪畫和音樂一樣打動許多人的心，化為莫大的鼓勵，讓人活得像人。

現代科學的特徵

然而，要是回顧現代科學的目標，就會發現幾個特徵。第一，在於科學的第一線會特別追求更加極限的狀態，使用巨大裝置，將許多人組織起來，讓科學變得不再是個人的工作。當然，每個科學家是以自己的興趣為基礎，當成自己的職業在從事科學研究，然而在耗用巨大預算的大型研究計畫（專題）當中做實驗，這也是事實。第二，則是科學的第一線脫離日常生活，深入微觀世界，還運用難解的數學，讓人難以掌握科學的真貌。科學似乎逐漸變得疏遠，開始脫離人類的情感。第三，則是藉由科學發現原理後技術化的時間縮短，不管我們願不願意，都要受科學掌控。最後一點將會另外討論，現在我們要先稍微仔細思考前面這兩點。

科學規模變龐大

探尋物質的根源，觀測遙遠的宇宙，解讀三十億的基因資訊，這種研究需要巨大的裝置，為數眾多的研究人員，研究補助人和技術人員，為此就需要龐大的預算。一個專題就要動用跟大企業同樣的預算和人員。

當然，既然是基礎科學，研究本身就不會產生直接利益（製造和啟動裝置的公司倒是撿了便宜）。所以必然要由政府出預算，也就是說科學研究要使用稅金。政府為了向國民說明，就必須提出某些理由。像是成功之後應用範圍會很廣，周邊技術有利可圖，或是贏得世界第一。反過來說，愈是容易找出這種理由的專題，預算就愈容易增加。這麼一來，別的理由就往往會優先於科學的重要性。科學規模變龐大蘊含著讓科學變質的風險。

比方說，美國計畫的超導超大型加速器（Superconducting Super Collider，以下簡稱ＳＳＣ），預算總共累積到兩兆日圓。美國一個國家實在付不起，就呼籲日本也來參加。就算金額是部分負擔也很可觀，因此日本無法輕易下結論。儘管ＳＳＣ姑且動工，最後議會卻否決預算，於是這個計畫就終止了。美國賭上國家的威信要製造世界第一的裝置，想在探索物質根源的研究上居領導地位（這十年來，歐盟的ＣＥＲＮ在加速器競爭當中獨領風騷，造成別國的焦慮，這也是事實）。不過，議會卻拒絕拿出龐大的預算給這種項目。以前，阿波羅計畫首次送人類抵達月球時，也有人批評「月球比麵包重要」。科學規模變得愈龐大，就愈要兼顧其他的國家預算，如果沒有國民的支持，研究就無法進行。

以巨大裝置研究時的問題

另一方面，研究人員這邊也出現了問題。建設巨大的裝置要花費漫長的時間，裝置的開發會在過程當中占用時間，沒辦法研究。有個朋友在追憶往事時說道：「風華正茂的青春時代就在勞力工作中度過了。」另外，自己能夠干涉的部分所占極少，無法看見全貌，有時也會欠缺充實感。雖然在一九九五年發現第六種夸克「頂夸克」，名字刊登在論文上的研究員竟然有四百零三人之多。一旦數量變得這麼多，搞不好還會有人連彼此的臉都不認得。

當然，這是個極端的案例；而事實上，現在從幾十億日圓到幾百億日圓的專題成了家常便飯，情況發展到要是不參加就無法做到好研究。為了解決這種問題，就要採取共同使用的方法，讓人人都能用到巨大裝置。的確，這個方法能夠有效消除研究人員之間的不平等，不過難得的裝置卻要零星使用，這也是個問題。

然而，現在的日本還處於「先製造裝置，至於做基礎研究再說」的時代。以往基礎科學的預算不會分到那麼多，採取共同使用制讓許多人可以用才是明智的選擇。問題在於下一步。一旦製造大型裝置，研究人員就會在下個階段要求更大及費用更多的裝置。科學的特徵是要累積在以前的成果之上，必然會需要更巨大及更精巧的裝置。的確到了某個固定的階段後就可以停止巨大化之路，但是研究處於哪個階段，最後還是取決於支付稅金的民眾之手。因此，民眾對科學的實情了解到什麼程度，或許就會決定這個國家的科技水準。科學家必須要仔細衡量這一點。

偶然產生的新發現

另一個需要衡量的問題在於，是否只有使用大型裝置做研究才是第一線的科學。使用小規模裝置做研究的確聲勢不大，但是用自己設法打造的裝置，就能以更自然的方式進行緊密的研究。完全嶄新的局面或許就是從這種研究開拓出來的。因為使用大型裝置就代表研究方法已經確立，能將結果預料到某種程度。

科學的歷史當中，「偶然」常會導致新發現。比方說，亞歷山大・弗萊明（Alexander Fleming，一八八一—一九五五）發現抗生素，是因為罹患感冒打噴嚏時的飛沫，偶然附著在培養皿上。威廉・倫琴（Wilhelm Rontgen，一八四五—一九二三）發現X光，是因為拿一種叫做陰極射線的粒子（電子）做實驗時，偶然用黑色厚紙板裹住陰極射線管。這種偶然的發現就叫做「偶得」（serendipity），說明了真理會藏在意想不到的地方。或許就因為研究方法尚未確立，科學研究才會有真正的樂趣。發展科學時也要記得留意這種領域。

疏離的科學

似乎許多人會覺得，科學的最前線不斷遠離我們的日常觀念。還記得科學家發現前面提到的頂夸克時，民眾獲知消息的反應相當冷淡，懷疑「那種玩意兒為什麼會有趣？」讓我們思考理由何在。

首要原因在於研究對象和研究方法逼近極限，實際面臨的狀態跟日常疏離。研究時要進入千兆分之一極細微的世界，在極低溫、超高壓、超強磁場、超真空，以及其他加上「極」或「超」這種形容詞的環境下，查明物質的特性和運動。想必日常生活中所知的情況統統都查過了吧？雖然事情也有這樣的一面，但也有不是這樣的情況。

以往的研究方法遵循笛卡兒提出的化約主義，以更基本的物質結構、性質和運動來理解自然現象。這個方法讓近代科學回到更為微觀的狀態，設定更極端的條件和更理想的狀態，查明物質的特性和運動。就這個意義來說，日常生活的情況確實早已徹查過。然而，單純研究以這種方法理解到的現象和物質，這也是事實。所以就只好建立更為極端的條件。

另一方面，難以用化約主義的方法理解的問題，則沒有太多研究。下一節將會具體描述什麼樣的問題該重視卻遭忽略，然而在研究那種問題時，以相當生活化的層次建立研究主題的方法尚未確立，往往沒辦法順利進行。

數學的問題

科學變得疏離的另一個理由，就在於使用數學的語言。只要用數學描述，就能有條有理地表達科學，任誰都懂，以數值化的方式實證。要展現科學定律放諸四海而皆準，就少不了數學的語言。問題在於隨著對象和現象脫離日常生活，就會使用非常晦澀的數學，除了專家之外不可能了解。就算在某些領域中無可奈何，科學家還是需要設法不用數學，表達到人人都明白。哪怕主題再困難，凡是人類想出來的概念，照理說都能替換用詞，假如講解時沒有這樣簡化，科學就會變得疏離。

的確，專家之間使用算式比用言語說明更簡明易懂，輕鬆看穿問題的本質。然而面對專家以外的人，則必須講得更為淺白。雖然有幾本寫給一般人的科學雜誌，卻多半非常艱澀，無法理解，或是在解說時使用大量照片和插圖來搪塞。事實上，只要使用照片和插圖，就會讓讀者覺得一眼就懂，比拙劣的文章還要有說服力，但是也有徒留印象就忘，無法在眾人之間形成共通概念的問題。另外，單憑照片或插圖可能會帶給讀者誤解，還有作者會故意這樣使用，以便強化自己的主張（戰爭畫一定要醜化敵人，把我方畫得很聰明）。果然還是要努力不懈地用言語來表達。

規模變龐大的科學，與日常疏離的科學，無論是哪種情況，科學家都要認真衡量現狀，爭取機會不斷與民眾對話。

現代科學的難解問題

阪神淡路大震災造成將近六千人死亡。儘管早在三十年前就持續研究如何預測地震，但似乎還無法當下預知。另外，天氣預報的命中率並非百分之百，預測不到冷夏和暖冬。為什麼不能了解這種最熟悉的自然現象？除此之外，還有許多不能明確預測的現象，像是香煙煙霧和從水龍頭噴出的自然水流動，樹枝和閃電分岔的位置，沙灘風紋和玻璃裂紋的形狀等。這些東西看似簡單，但為什麼會變成那種形狀，是怎麼發生及發展的，就不是很清楚了。

難解問題的共通點

這種現代科學難解的問題當中有幾個要素複雜交織，共通點在於：（一）無法還原成更為基本的要素；（二）就算觀察的更詳細，同樣的形狀也不會出現，問題完全不能以更單純的方式輕鬆解開。（一）的情況稱為「非線性作用」，（二）的情況則是「碎形（fractal）

現象」。這兩點似乎互相牽連，然而還沒有完全弄清楚。另外，物理學當中還要衡量到：（三）不擅長處理「形狀」的問題。即使是數學，也是到了最近才終於詳細查探繩結和摺紙的幾何學。以下將會探討這三個問題，歸納出難解的原因，以及現在是怎麼研究的。正因為問題難解，以往沒有太多研究，所以日後才要更深入研究這個項目。

非線性的物理學

目前接觸到的物理過程幾乎都是「線性」過程（比例關係），用一次方程式來描述。線性方程式當中，公式解的常數倍也會變成解，另外，兩個獨立的解加起來之後也會變成解（疊加原理〔superposition principle〕）。比方說，請各位想像以下的情境：「已知某個電荷製造電場，當電場之中有許多電荷時，就以各個電荷製造的電場和（只不過這是向量和）來表示。」因為有了這種疊加原理，所以問題會變得非常簡單，輕鬆看穿公式解的動態。

另外，用線性方程式表示物理定律後，即使是截然不同的現象，方程式的形式也一樣，往往能使用同樣的解。比方像是彈簧的振動、單擺的運動，以及連接線圈和電容器的迴路電流等，都能用相同的簡諧方程式（harmonic function）描述。另外我們還知道，熱能、電荷和漩渦的運動，可以寫成同一種方程式。這時引發的物理現象也很類似，只要明白一個現象，就能夠預測其他的現象。實際上，同樣的動態往往會在意想不到的情況下出現，頻繁到可以寫一本書叫做《物理學當中的類似關係》，真是令人驚訝。從這件事也可以知道用定律和算式表達的功效。

那麼，自然現象統統都是線性的嗎？的確許多現象是以線性方程式證明為真，但有時也會遇到原本是非線性，卻要以近似於線性的方式求解的情況。彈簧在振動時，理想的情況是彈簧收縮的力量跟收縮長度（的一次方）成正比，不過實際上彈簧長度的二次方或三次方也會有效。單擺則是搖晃角度小的時候才是線性，所以近似的情況只適用在有效的範圍內。

一般來說，要找出非線性方程式的解很難，只有特別的情況才解得開。假如不知道公式解，就要先單單保留線性的部分求解，再依序納入剩餘的部分（這叫做「微擾法」

〔perturbation method〕）。採用這種方法後，就可以逐漸逼近真正的解。現在想像一下海洋當中冒出波浪的情景。當波浪的高度（振幅）很小的時候可以視為線性，能夠用一個波長來代表。隨著波浪變高，非線性就會發揮作用，波長很短的波浪也會受到影響。只要短波長成分像這樣不斷疊加，也就可以描述成振幅相當大的波浪。

然而，許多情況不能用微擾法求解。假如非線性項遠比線性項來得大，就不可能依序轉進來。就如葛飾北齋在《富嶽三十六景》當中所畫的一樣，浪頭彎曲且即將潰散的波浪，從起頭之處就是非線性波，非計算不可（按：葛飾北齋是日本古代浮世繪大師，作者描述的波浪畫面出自《富嶽三十六景》當中的〈神奈川衝浪裏〉）。超音速噴射機製造的衝擊波，從淺川冒出來形狀不變的傳播波（稱為孤波〔Soliton wave〕），這些也是非線性特有的波。

這種由非線性項主導的問題，要下各種的工夫，找出各種方程式的解。除非情況特別，否則找不到一般的方法求解。解不開的問題也很多，非線性問題很少有人會研究。

混沌（chaos）的世界

然而，自從可以使用電腦之後，如今就能以數值的方式解開非線性問題。比方像是三個天體在萬有引力交互作用下的運動，從超過一百年之前就在研究了，儘管知道有古怪的解，卻無法進一步查驗。自從可以使用電腦之後，就發現三個天體的運動會變得「混沌」（公式解的動態完全無法確定的現象）。

以牛頓力學來說，只要提供初始條件，就可以完全決定以後的狀態。曉得最初的位置和速度之後，後來的位置和速度就可以透過解開方程式完全定調，這就叫做「決定論」（determinism）。然而在混沌狀態下，因為是非線性項，所以初期條件些微的差異會隨著時間不斷況大，結果就會截然不同。我們不可能百分之百知道所有的初始條件，這表示就連決定論的牛頓力學都不曉得結果。完全紊亂找不到規則的運動，就叫做混沌。現在還完全不知道太陽系的行星運動究竟是恆定還是混沌（地球從誕生之後的四十六億年以來穩定地進行公轉運動，卻不見得持久）。

就算沒有萬有引力，混沌也會出現在所有地方。像是三個以上的成分互相進行交互作用時（諸如化學反應、從水變成蒸氣之類的相變，以及用許多彈簧連接的單擺等）、空氣和水流變快形成亂流時（諸如從自來水的水龍頭滴答落下的水珠、熱水沸騰時的對流運動，以及墨汁滴進水裡時等等），或是鋼珠像柏青哥一樣隨機（不定）散亂時等等。我們的體內也充滿混沌。神經的振動、腦波、眼球運動、呼吸和聲音等等，都不是固定週期的運動，而是紊亂及混沌的運動。

蝴蝶效應：一隻蝴蝶飛舞會引發颱風？

有個象徵混沌的詞彙叫「蝴蝶效應」（butterfly effect），單憑一隻蝴蝶飛舞就會改變空氣的流動。空氣的初始條件會稍微變化。假如空氣處於混沌狀態，氣流就會大幅改變，最後或許就會形成颱風。些微的變化因為混沌（也就是非線性項）引發大變動，就叫做蝴蝶效應。

天氣預報不能百分之百說中，似乎可以說是因為空氣流動和溫度變化原本就很混沌。

現在形形色色的混沌研究正在進行當中，包括混沌是在什麼機制下發生，以混沌為特徵的物理量是什麼，什麼樣的物理現象屬於混沌等等。人類的體內（尤其是腦）充滿混沌，似乎在暗示混沌在維持生命上扮演重要的角色。因此，科學家也會研究能不能將混沌應用在電腦和機械操控上。不過，混沌當中仍然留有許多未解之謎。

碎形現象

請各位讀者仔細觀察知名的科赫曲線（Koch curve）。想必會發現鋸齒重複出現，但是大圖形和小圖形都是同樣的形狀。基本的圖形模式是以大小不一的尺寸重複出現，就像是俄羅斯娃娃一樣，大娃娃當中裝了同樣形貌的小娃娃，裡頭再裝進同樣形貌卻更小的娃娃。這時就算要問俄羅斯娃娃的尺寸有多大，我也回答不出來。每個娃娃只有尺寸不一，形貌相同，要是沒指名哪一個，尺寸就不會定調。

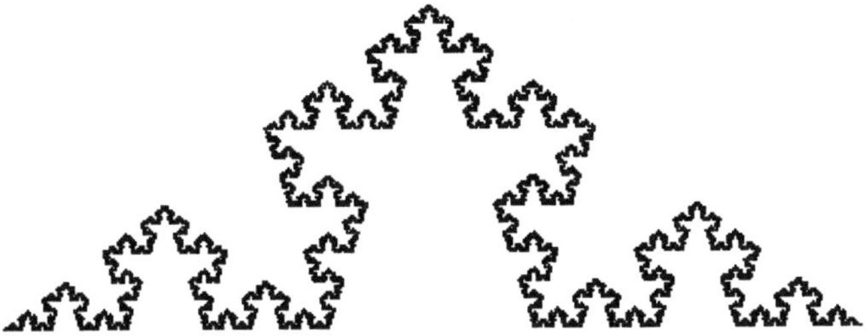

【圖14】科赫曲線

像這樣從大到小重複相同的形貌（圖形和模式），特殊的尺寸（長度）則保持不變，這種結構和現象通常會稱為「碎形」。目前已知碎形的種類五花八門，包括玻璃打破時碎片大小的數量分布、從沙粒到富士山岩石尺寸的數量分布，以及樹枝或河川長度與數量的關係等。這種碎形現象當中，物理量之間的函數是以「冪函數」來表示。比方說，假設玻璃碎片的大小（樹枝的長度也行）為 L，該尺寸的碎片數（樹枝數）為 N(L) 時，就會以 $N(L) \propto L^x$（∝是成比例的意思）的函數來表示（用冪函數來表示時就沒有特殊的尺寸）。從經驗中可以發現，各種的現象會用冪函數來表示。像是河川的長度與面積的關係，血管的粗細與數量的關係，小行星的尺寸與數量的關係，雲的面積與周長的關係，天體的大小與密度的關係等。

另外，不只是尺寸和長度，假如有個現象是以冪函數表示蘊含在內的物理量之間有什麼關係，那也叫做碎形。地震能量（地震規模〔magnitude〕）的大小與該規模地震頻率的關係，電子迴路的雜音振動數與該數值的關係，股票價格的變動幅度與頻率分布等情況也是如此。有個有趣的例子是，假如替英文中出現的單字頻率排名次（第一名是the，第二名是of，第三名是and），就會發現其頻率可以用排名N的冪函數（N^{-1}）來表示。相同的關係也可以在都市的人口（實際上第一名是東京，第二名是大阪，第三名是名古屋，麻煩各位查一下人口）和各國進口額與排名之間也能站得住腳。

人類自古以來就知道碎形現象（通常是指以冪函數表示的現象），卻沒有詳細查探。以往物理學主要的研究對象會擁有某個特殊的物理量（尺寸、能量、溫度和密度等）。這時最好要從更基本的地方回頭尋找那個特殊的物理量是否存在，接著就能輕鬆縮減問題的範圍。因此，還原到更為根本的狀態是有效的方法。

然而，碎形現象經過複雜交互作用的結果，就是從大到小各種規模的現象混在一起，難以分辨問題是什麼。另外，就算想要還原到更為根本的狀態，同樣的現象也會持續下去，還原等於是白費工夫。由此可知，碎形現象是笛卡兒派化約主義的難解問題。

混沌與碎形的關係

碎形現象的研究得以蓬勃發展，原因還是在於電腦發揮了龐大的力量。電腦能將形形色色的碎形圖案畫得肉眼可見，模擬出真實而複雜的物理過程。另外，非線性過程的佼佼者混沌與碎形概念有深厚的關係，也是透過電腦揭露出來的。追蹤混沌運動之後，就發現混沌並非完全的不規則運動，而是屢次接近一種名叫「奇異吸子」（strange attractor）的領域。調查這種吸子之後就會發現是碎形結構。

然而，為什麼會是碎形？以碎形現象為特徵的冪函數具有什麼物理學上的意義？碎形現象與非線性現象有什麼關係？另外還有許多基本的問題沒有解決。碎形現象的科學還是個年

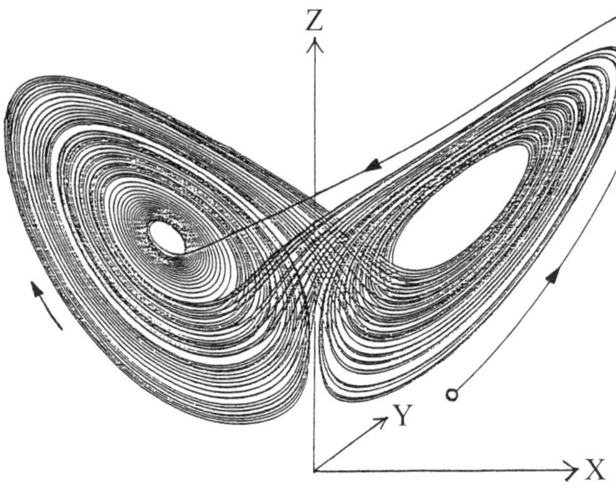

勞倫茲吸子（Lorenz attractor）

【圖15】

輕的學科。

想想看地震的例子。地震是受到移動地殼的壓力，將地下幾十公里的岩石破壞掉的現象。從岩石遭破壞時的碎片尺寸和數量的關係，地震的強弱和頻率的關係，就可以預料到地震是碎形現象。因此，要是不知道岩石在什麼地方遭破壞，承受多少力量時會發生多少規模的地震，就絕對沒辦法預知。另外，地震也有混沌的一面。有時明明岩石沒遭破壞，附近發生的小地震卻打破力量的均衡，一口氣破壞岩石。所以不但會發生比較具有週期性的地震，也有不規則發生的地震。儘管也有這樣的事情，地震的研究相當困難，不過單憑這點就算是很有挑戰性的問題了。

形狀的科學

我們身邊其實圍繞著各種形狀的物體，尤其是某些生物的形狀更是奇特，讓人不禁想問「為什麼是那種形狀？」還有，許多紋路和生物本身弄出的形狀也很不可思議，像是長頸鹿和斑馬的花斑紋路、鳥兒的飛翼和蝴蝶翅膀的紋路，以及蜜蜂和螞蟻製作的巢穴等。另一方面，自然現象當中也會形成許多有趣的形狀，像是水流和波浪、肥皂和水滴、漩渦狀的銀河、雪的結晶和樹冰等。像這樣可以在自然界中看到的多種形狀，是什麼原因形成的呢？

我們熟知的形狀是由力的平衡、流動、振動現象及其他原因塑造而成，能夠透過物理定律去了解。然而，許多生物的形狀和花紋則讓人搞不懂。因為生物並非單憑物理定律來選擇形狀。存活下來，找到配偶，增添子孫，有時為了生物獨特的目的，要採用有點不合理的形狀。另外，生物在演化過程中的環境或許也會造成影響。實際上，人類從已經滅絕的生物（也包含恐龍）化石當中，發現許多奇妙的形狀。這時就只能拋開物理學上的理解，用生物學來解釋。這就是一個難題。

另一個難題在於球體和正方形這種簡單的形狀能以數學（幾何學或代數學）的用語表達，然而一旦形成複雜的形狀，就很難用數學來表示。科學的一個特色在於用數學的語言表達（定量化），形狀難以變成科學。既非完全規則也非完全不規則的形狀特別難以處理，另外，想像三次元複雜的形狀及畫在紙上是很困難的，這也讓形狀的科學難以起頭。

不過，電腦繪圖對於推動形狀的研究發揮很大的力量。這種科技可以畫出三次元式的立體圖，測試形狀的穩定性。另外，假想的形狀也可以在電腦當中做出來。這樣一來就可以從找到的部分化石，試著重現整體的形貌。藉此還發現到以往認為巨大的恐龍其實小得多。

然而，形狀的科學還在剛起步的階段。形狀方面，物理學、數學、化學、生物學、醫學、建築學，以及其他各個領域都展開共同研究。

就如以上所言，儘管列舉出現代科學難解的問題，但這完全不代表學習現在的物理學和化學是白費工夫。反過來說，為了挑戰這種難解的問題，就必須牢牢掌握現代的知識，精通這套方法。這將會成為產生新觀點和方法的基礎。

科學、技術與社會的關係

二十世紀號稱「科學的世紀」，是科學研究大幅進步的時代，同時也是將科學發現到的定律和原理化為技術，以製造機械和工具，進入我們的生活，大幅改變社會的時代。典型的例子是本世紀前半的電力和汽車，後半的核能應用、石油化學工業和電子（雖然也有飛機和雷射等物，不過帶給社會龐大影響的還是前面提到的東西）。而今後則是透過基因操作改變生物（也包含人類？）了吧？

科學像這樣透過技術與社會強力連結，是二十世紀的一大特徵，今後將會更為強烈。活在這種時代的我們，需要牢牢掌握科學、技術和社會之間的關係。

無法回頭的科學技術化

首要問題在於科學技術化的時間變得非常短暫，無暇思考這會對社會帶來什麼樣的效應，就直接讓科學的成果不斷走進生活。典型的例子就是核能，自從揭露核能當中的力量和結構以後才過不到十年，就在開發核彈了。雖然其推手是曼哈頓計畫這種由政府和軍隊組織的第一個大型專題，但在一般人還不曉得原理和威力的時候，就招來了核能時代。再者，氫彈的開發、核能發電及核能能源的運用加快腳步，這也不是我們選擇的路，卻不得不面對核能。基因操縱似乎也有步上其後塵的跡象。

一旦科技化為技術，就不會再問目的，變得更加精密化和效率化，逐漸無法回頭。這個問題在涉及核能和基因操縱時特別嚴重，將會持續長期為後世帶來影響。核能發電的核廢料必須花一萬年不斷監視。透過基因操縱創造新種類的生物時，說不定會改變未來的生物世界。就連我們過著豐裕的消費生活，子孫都要支付其「代價」。將科學化為技術時，必須像這樣預測長遠發展，再決定要不要採用。然而，思考這個問題沒多久，技術化的工作就不斷在進行。我們必須停下腳步，重新衡量現在的科學與技術的關係。

技術方法多元

另一個問題則在於，就算有一條科學的原理和定律，技術化的方法也有兩種以上。核能發電也好，噴射機也好，個人電腦也好，文書處理器也好，都要依照各類機種採取兩個以上的方式。最後不曉得會只留下其中哪一個，還是同時競爭，不過這種選擇是依據什麼理由呢？一個技術活到最後的理由五花八門，像是節省能量和資源、用法最簡單、安全性優異、在市場競爭中勝出、製造公司實力堅強，以及受到政府援助等。換句話說，技術不只是科學上的合理性，還要從它與社會的關係當中選擇，技術的內容也應該依照社會的變化而改變。然而，這時就需要思考以長遠的眼光來看是否正確。

比方說，以前會製造「堅固耐久」型的產品。時鐘也好，收音機也好，都能用上幾十年，以節省資源的目標為優先。現在則是以「用過即丟」型的產品為主流，用了幾年壞掉後不會修理，而是買新的替換，以更大量的消費為優先。我們必須事先嚴加掌控情況，以免用經濟的邏輯決定技術化的方式時招來惡果。環境破壞我們也有責任。

現在的日本成了汽車優先的社會，這就是典型的例子。狹窄的土地上遍布高速公路，六千萬輛汽車擠得水洩不通，連悠閒走在馬路上都辦不到。對於兒童、老人和身體不便的人來說，這種都市的結構實在危險。從國家政策來看，癥結在於以卡車運輸和私人轎車為優先，而不是電車和巴士之類的公共交通工具。何況汽車公司在無意義的產品改款之下，讓消費者不斷買車汰舊換新，造成資源浪費。我們把這種狀態視為理所當然，沒有發現到不對勁。這時就必須思考技術該如何使用，與期盼的社會接軌。

科學家的責任與倫理

最近跟科學家和技術人員（或是受過科學訓練的人）有關的事件相繼發生。像是阪神淡路大震災、奧姆真理教風波、快中子增殖反應爐「文殊」事故，以及藥害愛滋（按：藥廠違反生產規範，在血液製劑中添加非法成分或沒有遵守製造流程，製劑受到愛滋病原汙染，造成部分血友病患在用藥之後感染愛滋病）訴訟等。這些事件當中，科學工作者的觀念、極限、問題和其他地方遭到放大檢視。他們並不特別，多多少少反映出現在科學家和技術人員的觀念及生活之道，因此以下要從這些事件當中回顧他們展現出來的反應，同時思考一下現在科學家該負的責任與應當具備的倫理是什麼。

阪神淡路大震災

那場大地震發生的時候，我在京都的家也搖得很厲害，當時還嚇得跳起來。幸好只摔碎了幾個茶碗（按：茶碗是東亞傳統當中盛裝茶水的碗或杯形茶器），但是豐中市的研究室書櫃就全都倒了下來。要是地震發生在白天，說不定連我都會被書本壓在底下丟了性命。其實，日本有句俗話說「關西不會發生地震」，連我都疏於戒備。儘管也有地震學家警告「關西也會發生地震」，這項呼聲卻傳不到我們一般人的耳裡。所以，關西幾乎沒有人考慮過防震措施。

我看了震災後的各種報導，聽了在這之中科學家的發言，卻強烈感覺到號稱專家的科學家，喪失了對自然和學問的謙虛。

地震學家長期不斷宣稱「地震可以預測」，獲得許多研究預算。因此我們也抱持著幻想，認為應該能夠預知地震何時發生。經過這次的震災後，我查了一下地震學的現況。結果發現地震的資料蒐集甚多，能夠從振動的波形分析、地殼的翹曲和重力異常等要素，計算地震的規模、傳播的方法與產生的損害等。換句話說，就是大張旗鼓研究地震引發的機制，以及一旦發生地震後會變得怎麼樣。

然而我發現，預測地震「何時、何地、以什麼規模」發生的研究完全沒有進展。因為地震是地下幾十公里的岩石遭破壞的現象，所以沒辦法得知岩石的性質，不能詳細調查，仍然很難用現代物理學解釋牽涉到混沌的問題。因此，就算說地震遲早會發生，以現在的知識也講不出發生在何時何地。「預測地震」指的是「預測地震何時、何地、以什麼規模發生」，因此現階段還不能預測地震。

當然，這一點地震學家也很清楚，卻不見得會明說，反而還參加「地震預測聯絡會」這個組織，持續探討地震是否可以預測，假設實際上做不到的事情可以做得到。為什麼會採取那麼矛盾的態度呢？能夠想到的理由就只有不願失去投入地震預測工作的研究預算了。這種態度不獨地震學家會有，為了確保研究預算，我們科學家往往會「高談闊論」，約定做不到的事情。

我認為這種態度是科學家的墮落。沒有研究預算就不能做研究人員謀生是事實，但為了獲得預算而曲解真實，就跟科學家探求真實的使命矛盾。尤其是涉及到人命的項目，就算別人批評是在助長謀殺，也是難免的事。

科學家是什麼樣的人？

科學家並非事事都懂的人，而是「最懂『現在知道什麼，不知道什麼』的人」。因為這一行就是要研究未知的事物。所以，「誠實說出自己哪裡不懂」，就是科學家的責任。

當美國舊金山發生地震，高速公路坍毀時，某位交通工程的學者就說：「日本不會發生那種事故。」保證國內交通網絕對安全。然而，阪神淡路大震災時高速公路東倒西歪，他的保證只是空談。原本科學家的任務是要告訴大眾：「假如發生更強的地震，這條高速公路就會坍毀。」換句話說，就是應該要講：「我所知的範圍就到這裡，超過的地方不懂，無法保證。」關係到科學的事情沒有「絕對」。我們了解的還只是自然現象的一部分，凡是有未知的地方，就不能說「絕對安全」或其他「絕對」的字眼。誠實說出「不知道」的科學家，比得意洋洋說「知道」的科學家更值得信賴。

地震學家不是在預測地震，而是在地震發生時防災，方能活用這份知識。這是因為可以

日本の橋は？高速道は？

建設省など「損壊しない」

長大橋の橋げたの一部が落下し、高速道路が崩れ落ちた米国・サンフランシスコの大地震。地盤の弱い海岸部を橋が結び、都市高速道路は慢性的な渋滞の続く日本で、同規模の地震が起きたらどうなるか。建設省や道路関係者は「あの程度なら、日本では壊れたりすることはない」と自信をみせているが――。

建設省によると、日本の橋は日本道路協会が作成した道路橋示方書によって地震に対する耐力などが定められている。一九八〇年に改定された最新の示方書では、マグニチュード7・9を記録した関東大震災クラスでも橋が落ちないように指示してあり、今回のサンフランシスコのM6・9程度なら大丈夫という。

日本道路公団も「設計で最も神経を使うのは橋」という。同公団の場合、中規模程度の地震なら一切損傷を受けないように設計する。そのために、橋の周辺の地盤について、地震の揺れにどう対応するのか、過去にどんな震災経験があるのか、などを事前に調べる。また、サンフランシスコでは道路が波打ったが、「日本では舗装をがっちりやるので、亀裂が入ることはあっても波打つことはまずない」という。

橋の一部が崩れ落ちたサンフランシスコのベイ・ブリッジと同じ名前を持ち、先月二十七日に開通した「横浜ベイブリッジ」を建設した首都高速道路公団神奈川建設局は、「地震対策は万全で、この程度の地震ではまったく問題ない」としている。同局特殊設計課の和田克哉課長は、「こちらのベイブリッジは、構造的にも橋げた同士をすべてプレートでつなげてあるうえ、橋げたが橋脚三、四本の上にまたがって乗る『連続げた』方式をとっており、海底の構造などを考えても地震対策は万全だ。こうした事故は起きない」と話している。

一方、本州と九州を結ぶ関門橋（一、〇六八㍍）を管理する日本道路公団下関管理事務所によると、事務所の地震計が震度4以上を記録すると、交通止めの措置をとる。警察に協力を要請して、橋の手前のインタチェンジで通行車両を高速道路から下ろす手はずになっているという。

「地下鉄も耐震十分」

運輸省は自信

運輸省によると、日本の地下鉄は全国の主要都市を中心に三十路線、延べ四百八十四㌔。地

【圖16】舊金山地震發生之際，曾經有人討論日本是否會發生同樣規模的地震（摘自一九八九年十月十八日的《朝日新聞》）

從地震的搖晃預測規模和引發的災害。所以，我認為該以地震學者為中心，由都市工程、交通工程、地方自治體、維生管線（自來水、電力和瓦斯）的管理者共同合作，組成地震防災體制。這樣才算是善盡科學家的社會責任。

反應爐「文殊」事故

快中子增殖反應爐「文殊」引發的鈉洩漏意外終告結束。快中子增殖反應爐在設計上是要用鈽當成核燃料，同時將鈾轉變成鈽，自行製造燃料，堪稱是終極的核反應爐。目前為止這種反應爐已在美國、德國和法國做過實驗，卻都因為技術上的困難而停止或中止使用。

若以溫度來表示核反應下散發的熱能，則高達將近攝氏一千萬度。另一方面，從石油和煤燃燒的化學反應擷取的熱能則有攝氏一千度的大小，是前者的一萬分之一。通常火力發電是用這份熱能把水轉換成高壓水蒸氣，轉動渦輪，擷取電能。儘管核能發電在擷取電能的部分上相同，不過核能發電的問題在於，從攝氏一千萬度的核反應部分到攝氏一千度的產生水蒸氣部分如何接力傳熱。通常的核反應爐會維持高壓，難以形成蒸氣的水就可以扮演傳熱的角色。快中子增殖反應爐要運用更激烈的反應發電，所以就靠鈉來傳熱。是鈉聯繫了原子核反應和化學反應。由於當時鈉從核反應爐外洩，因而成了重大事件（雖然是沒有曝露在放射線下的一部分鈉元素）。處理鈉元素很困難，每個國家都放棄使用快中子增殖反應爐。

日本有三十座以上的核反應爐在運轉，以往從未發生類似三哩島和車諾比的大災難（按：本書完成於一九九六年）。目前只有廣島和長崎遭受過原子彈攻擊後深知核能的恐怖，通過強調自主、民主、公開三大原則的核能基本法，對核反應爐的檢查和事故嚴陣以待，以這些為基礎長大成人的「健全反對派」（儘管也有人諷刺了解核能恐怖的人是「核能過敏」，然而過敏是拒絕不適合自身體質的物質侵入的反應，反倒是健康的證據）。

科學健全發展的條件

「文殊」的事故，預示以往沒發生重大意外的原因逐漸站不住腳。尤其是各種資訊祕密處理而不公開，更是個問題。科學和技術是累積以往經驗的產物，發生過的事情必須公開，讓各種科學家和技術人員繼承（失敗的結果也很有意義）。基礎的科學領域當中，要將結果發表成論文，人人都可以利用。使用的資料凡是有人要求也要提供。正是因為這種方式才會讓科學健全發展，以往科學的歷史也揭露了這一點。

運用核能也同樣必須遵守公開的原則。這方面還需要很多基礎的研究，一旦發生意外就會喪失許多人命。照理說假如強烈意識到這種情況，就不會在運用核能時放任祕密橫行。然而，參加核能委員會的科學家，以及動力反應爐與核燃料開發公司（PNC）的科學家和技術人員，則助長了保密原則。他們的態度是「就算公開資訊給外行人，也只會激起恐慌」。假如發生事故時什麼都不告知民眾，那該怎麼應對呢？

前面提到地震學家應當扮演的角色，核反應爐的設計師和製造者就跟地震學家一樣，該以核反應爐事故的防災措施為重心。照理說他們最了解核反應爐的極限，也最清楚發生什麼事故後，會出現什麼樣的災害。這是科學家製造核反應爐這種危險裝置的責任，是應當具備的倫理。

藥害愛滋問題

日本有個詞彙叫做「結構藥害」，由來是製藥公司、厚生省和醫生的共犯結構，所引發的多起藥害事件。據說一個藥物的開發，要花上十年的光陰和一百億日圓的費用。所以製藥公司往往會認為，一旦完成之後，就想要儘快獲得厚生省認證，想要讓許多醫生使用提高利益，哪怕有危險的副作用也想要隱瞞。如此一來，就會把在厚生省吃得開的退休官僚禮聘為董事，把在厚生省有影響力的醫學權威人士禮聘為顧問。另外，他們從平常就會出入大醫院和大學醫院，企圖占盡各種便宜，努力請人幫忙粉飾藥物實驗、使用和副作用。這種結構式的共犯體制就是藥害的原因。

雖然以前也發生過好幾起類似斯蒙症（SMON，subacute myelo-optic neuropathy，亞急性脊髓視神經障礙）和沙利竇邁（Thalidomide）的嚴重藥害，但是造成愛滋問題的藥害悲劇重演的另一個原因，就在於醫學人士陷入共犯結構而不可自拔。進入厚生省的審議會，與藥事行政關係匪淺的醫學人士，另一方面則是醫學會的權威，與製藥公司也有盤根錯節的關係。這種人會偏袒厚生省和製藥公司，儘管職業的目的在於治療疾病，保護生命，結果卻製造或殺害更多病人。

當然，有時在某個時間點還無法判斷藥物有沒有副作用，是否像愛滋病毒一樣帶有危險性。有事情不知道是當然的，因為要處理的是未知的問題。另外，人有時也會出錯，因為會發生意想不到的效應。所以，出錯不應受到責備。問題在於知道出錯之後，能否立刻承認及改過。而坦然為判斷失誤道歉，這才是科學家對真理誠實的態度。

我不想承認那種醫學人士是科學家，然而這份心情又混雜憂鬱的感覺。反正這種科學家很多，還是佯裝不知道比較輕鬆。就算在公害問題上，站在公司那一邊提出錯誤的說法（爆發水俣病時也出現過「有機胺說」和「病毒說」），或是企圖縮限症狀減少患者的數量（熊本水俣病的患者比例只有新潟水俣病的十分之一），也聽不到反省的聲音。另外，接受環境影響評估時調查得不夠徹底，往往會直接拿出符合自治體期盼的結果。這些機構以「大學傑出學者掛保證」為藉口，擴大了公害的損失。（按：水俁病〔Minamata Disease〕是因工廠排放氧化汞廢水，經海中微生物轉化之後成為甲基汞，人和動物吃了遭受甲基汞汙染的海鮮之後，毒素累積於體內引發中樞神經病變；症狀為四肢扭曲或痲痺，語言能力退化、視覺與聽覺受損、失去平衡感等。一開始發生熊本縣水俁鎮內與周邊，稱為「水俁病」。之後發生在新潟縣，稱為「第二次水俁病」）

科學家應該對真理更忠實，還必須客觀審視自己，反省自己多麼盡忠職守。

奧姆真理教風波

目前談到的事件是從事科學和技術的人有問題，奧姆真理教風波則是曾在「知名大學」接受科學研究訓練的人出了問題。照理說他們其實很有能力，接受過邏輯思考的訓練，為什麼會堅信教祖的天啟，散播沙林毒氣，犯下殺人案呢？為什麼沒有至少發現到宗教應以救人為目的，卻容許殺人是很反常的事情呢？

我認為，儘管他們在大學當中獲得科學的知識，卻沒受過思考的訓練，沒有想過科學和社會的關係，科學家應該扮演的角色，以及科學在更為廣闊的文化當中有什麼意義。換句話說，就是一直是個「科學宅」，客觀看待自己正在做什麼，缺乏揣測別人心思的想像力。現在的科學教育以及科學家本身，可以說是欠缺關鍵的自覺。

之前也提過很多次，科學要透過技術與社會和人類接軌。科學擁有可怕的力量，既可以救人也可以殺人，依使用方法而定。從事科學工作的人必須要確實了解這一點。因此，訓練如何以更寬廣的視野觀看科學，是必經的過程。然而，現在的科學教育沒有進行這種訓練的地方。另外，站在執教立場的科學家本身沒受過那種訓練，想教育也辦不到。所以，他們這些隸屬於奧姆真理教「科學技術省」的人，或許可以說是在模仿現實的科學家。

從事科學工作的人，不能只接觸科學的世界，還必須熟悉藝術、歷史、文學和政治，讓自己投身到廣大的世界，持續自問：「我做的事情有什麼意義」。

科學家倫理是什麼？

我是科學家，卻對科學家批判得有點嚴厲。這是因為現在生活的環境問題和其他地球上的矛盾，到頭來只能靠科學的力量解決。要真正發揮科學的力量，科學家就該具備嚴謹的倫理。只要有了倫理做後盾，科學的行為就會帶來相當美妙的結果。極端來說，這種科學家的出現對人類的未來非常重要。

假如要歸納科學家的倫理，那就是對真理忠實，排除虛偽和保密原則，談論科學的極限，常常意識到研究科學是為了什麼（為了誰），從更宏觀的觀點掌握科學，以及用想像力掌握科學的結果和影響，諸如此類。倫理本身絕不難，但若站在某個立場或處於某個狀況，似乎往往就不會遵守。這時最重要的關鍵還是再次詢問「自己是否忠於真理」吧？我強烈期盼懂得倫理的年輕科學家出現。

第五章

二十一世紀的科學與人類

地球環境問題

人類的活動導致地球毀滅

現在有各種環境問題的討論。雖然統稱為環境問題，卻橫跨地球暖化、臭氧層破壞、熱帶雨林減少、酸雨、有機化合物和有毒金屬造成的地球汙染，以及其他許多問題，措施也要依個別問題而異。反過來說，原因其實只有一個，那就是人類的諸多活動引發環境問題。有些人會極端地說，打從人類出現在世上，地球環境就持續遭到汙染。實際上，許多物種就滅絕在人類的手中。但是，人類也是生活在自然界的生物之一，其活動對環境帶來影響或許是必然之理。

只不過，人類會進行生產活動這一點就跟其他生物不同。人類會生產自然界不會形成的物質，進行大量消費，這也是事實。結果，人類的活動就達到足以跟地球環境容許的能力匹敵，自然界充斥淨化不完的人工化合物，甚至開始嘗試創造嶄新的生命體。姑且不論人類有沒有意識到問題，但這很可能會導致環境根本的改變。

從前，人類認為「環境是無限的」。換句話說，環境的容量遠遠比人類的活動來得大，所有東西都會幫忙吸收處理。因此，當時的人就隨便把廢棄物扔到海裡或空中，砍伐森林，填土到海洋或湖泊裡，製造水壩。然而，人類卻從形形色色的公害中，學到環境並非無限。另外，陸地和海洋逐漸沙漠化（海洋也在逐漸沙漠化，海藻正在枯萎當中），自然的生產力開始下降。的確，如果大量消費的生活再這樣持續下去，說不定會超越地球的承載能力，掀起大禍。要說人類的未來跟能否突破環境問題的危機有關也不為過。二十一世紀必然是需要面對這項課題的時代。

「債」留子孫

環境問題的原因，在於人類不負責任，大量生產和大量消費的社會結構，責任在我們這一代。自己過著優雅而方便的生活，卻是「債」留子孫。最大筆的「債」，就是核能發電廠的大量放射性廢棄物。使用電力享受生活的是我們，要將有害無益的放射性廢棄物持續管理一萬年的，是我們的子孫。或者，砍伐熱帶森林使用大量便宜紙張的是我們，只能在表土流失變成不毛之地的大陸和島嶼上生活的，是我們的子孫。環境問題都有這樣的結構。只要想到這一點就覺得必須要採取對策，至少要稍微減輕子孫的負擔。

面對地球環境的危機，有人主張要「回到原始時代般的生活」。這種單純的構想認為，既然原因在於大量消費，那只要戒掉就好了。然而這是正確的嗎？一旦捨棄獲得的知識和能力，就能回到原始時代不安的生活嗎？回到生產力低落的生活之後，將會有多少人活活餓死？到底誰可以下這個命令？答案大概就沒那麼明智，沒那麼單純了。這時該做的是回顧我們現在的生活方式，衡量價值觀需要變更到什麼程度，以及科學為此該扮演什麼樣的角色。

啟發解決之道：「善待自然的科學」

引發環境問題的原因之一，就在於現在的生產模樣跟自然的邏輯不合。從某個意義來看，就是只採取簡便輕鬆的做法。

比方說，現在的生產方式多半是將工廠集中化，採取用巨大化設備持續大量生產的方法。這樣生產效率比較高，能夠比較省力，換句話說，就是可以便宜地大量生產，以經濟邏輯為優先。因此，政府就投資在基礎整備上，配合這項措施集中輸送方式，就像人會朝都市集中一樣，包含社會結構在內都要往巨大化和集中化邁進。結果就是少量髒汙可以用自然之力淨化，工業排放物卻是大量施放，導致海洋和空氣的污染更嚴重。

首先第一步是要將工廠分散，建立小規模設施。或許有人會反駁說這樣生產力會下降，但這時就需要研究如何以小規模保持同樣的生產力。啟發解決之道的關鍵在於科學的技術化並非只有一條路。或許還不如說，以往只想得到大規模生產，所以就只開發出適合這個的技術。獲利的經濟邏輯可能取決於科學技術的內容。「善待自然的科學」蘊含的意義跟以往不同，用意在發現小規模也擁有高生產力的原理和技術。

另外，巨大化和集中化會導致「均一化」。全國每個地方都販賣同樣的物品，播放同樣的電視節目，興建同樣的大樓。均一化的文化當中，過著均一化的生活，被均一化的產品包圍之後，就會支撐大量消費的結構。每個人採取獨特的生活方式，活用既有的文化，創造獨特的生產模式，需要像這樣轉換價值觀。想在這種「多樣性」當中生活，還是要指望「善待自然的科學」，研究如何利用太陽、風、海流、地熱及其他自然能源，如何利用天然物而不是人工化合物。

啟發解決之道：運用生體反應的技術

這種可能性或許就跟電子技術下的「微型機器」，採用生物運用其生體反應的方式類似。蟲子的身體那麼小，實則具備精巧的功能。比方像是蚊子，身體連一公分都不到，卻擁有三種尋找獵物用的感測器（二氧化碳用人的呼吸，紅外線用人的體溫，乳酸用人的汗水）、探測毛細血管的超音波感測器、由能開洞在皮膚上的鋸齒狀管子和銳針組成的雙重結構口吻、針的前端部分會停在血管上偵測血漿的感測器。假如我們想製造帶有這些功能的機械，機械就要使用非常巨大的能源。然而，蚊子卻漂亮地完成這一點。微型機器的目標是為了要實現那種小型又不耗能源的生物機械。啟發解決之道的關鍵，並不是使用電力能源讓機械動起來，而是運用更多的生體反應。

另外，逐一控制原子的奈米科技，說不定會拓展新工學機械的可能性。微型機器和奈米科技需要以社會為目標，以活在有別於大量生產和大量消費的邏輯當中。

啟發解決之道：擺脫電能

電能既乾淨又容易操縱，現在製造的機械都由電力驅動。這也代表「均一化」有所進展。然而，運用電能其實會有很多浪費。首先，從石油和鈾擷取的熱能要轉換成電能，然後再次將電能轉換成熱和馬達運動，進行兩階段轉換。每次轉換能量就會有所損耗，只能用到原本可用能源的一半。另外，核能發電廠很危險，要興建在遠離都市的地方，需要建造輸電線、鐵塔和其他設備以便長距離輸電，輸電過程中還會損耗。然而，現在的生產體制是以運用電能為前提組裝而成，只開發出適合這個的技術。「善待自然的科學」就意味著要從「仰賴電能」的情況，轉換成運用貼近自然能量的科學。

嶄新的科學技術與我們

「規模適中的科學」

科學的前線距離人們日常生活遙遠，不一定代表研究對象只存在於極限的世界中。以往在化約主義的方法下必須前往那種世界，但是周遭充斥著混沌、碎形和其他未解之謎。該以新方法研究的熟悉現象很多，我稱之為「規模適中的科學」。這種科學的研究對象是規模適中的大小，設備和研究預算不會太昂貴，許多人可以透過各種形式參加。

像是叫做「自然史」或「自然誌」的科學，就是試圖從型態的發生、功能的獲得、物種的分化、生物彼此的關係，以及其他歷史上的因素，掌握種類非常多樣化的生物世界，從簡單的阿米巴類型生物到人類都有。這種科學的目標不只是從生物學的觀點查驗演化，還要跟化學（生物的各種活動怎樣利用化學物質）、物理學（骨骼的強弱、血液的流動、超音波和紫外線的應用，以及蚊子擁有的器官具備什麼功能等）、生態學（群體的形成、寄生與共生關係、分居及生物鏈等）、地球物理學（自然環境的變化與生物演化的關係等），以及其他形形色色的科目，一起從全局掌握生物的演化。因此就需要仔細觀察生物世界，記錄發生過的變化，彙集許多物種分門歸類，做好準備工作以便在各種條件下實驗。這可以說是過去博物學的復興，卻是以目前的知識為基礎，研究嶄新的生命歷史。

這種研究也在其他領域展開了。要研究地球的歷史，就要調查地層、南極和北極的冰、生物的年輪（不只是樹木，貝殼和珊瑚上也刻著年輪）、隕石衝撞的撞擊坑痕跡、岩石、磁石和放射性物質的量，連以往不大受矚目的地方都要查探。另外，粉與粒這種以往的流體力學不會觸及的物質，也要研究其物理性質和化學性質，還要由醫學、物理學和高分子物理學，共同進行人工臟器的開發。

打破理組和文組的隔閡

無論是文組還是理組，雙方都要跨越以往專業的限制，嘗試以嶄新的方法綜觀全局，掌握研究對象。再者，人類學與物理學（工具的發展與人類演化的關係），考古學與地震學（留在遺跡上的地震紀錄、地震與火山爆發對古代人的移動和飲食生活造成的影響）、歷史學與化學和藥學（藥物、毒藥、菸酒、藥膳的起源和影響）、文學與統計學（使用詞彙的頻率），以及其他意想不到的領域都要結合起來。科學不只要研究自然現象，還要將對象擴展到觸及人類與社會的歷史和活動的學科。理組和文組的隔閡正在遭到破壞。所以，因為自己是文組就認定科學事不關己，或是因為自己是理組就不懂文學，這是錯誤的態度，形同自己縮限了未來的可能性。

我認為這種方向會豐富科學的內涵，學習科學會變成一樁樂事。實際上，從歷史眼光來看科學（以科目來說就是理科），無論是社會、政治、文學、經濟，以至於所有的活動，照理說大概都會受到影響，說不定在研究這些領域時不能跟科學切割。這種與人類諸多活動結合的科學，或許也可以稱之為「規模適中的科學」。期盼二十一世紀這種科學能夠取得更多的成果。

技術的發達與我們

現在思考一下技術和人類的關係。隨著科學技術化的進展，生活變得既方便又舒適。資訊的交換則要透過電腦網路，時間也好（瞬間連線），空間也好（國際連線），散播的效率實在高超，能夠和全球的（地球規模當中的）人類連線，得以跨越以往被「國家」關住的構想。到了二十一世紀，這種潮流加速得更快。這就叫做「資訊革命」或是「資訊化社會」。不只是電腦，以往意料不到的機械和工具，都會從微型機器和奈米科技中誕生。技術的發展開拓了人類嶄新的可能性。

雖然事情的確如此，但在技術的發展和人類的關係方面，則有兩點該注意的地方。

技術的提升與人類的水準

第一點在於產品具備的性能無論再優異，其能力也取決於使用者的技術水準。我的文書處理器其實安插了各種的功能，但我只會用其中一部分。難得做出便利的工具，但若不能運用自如，這項技術也沒有價值。這一點不只是文書處理器，所有的技術都可以這樣說。要運用技術真正的價值，使用者的技術水準也必須提升。因此，人類就必須了解技術的內容，具備邏輯思考和掌握整體關聯的能力。否則，技術就只有菁英懂得有效使用。

然而另一方面，我們也被逼著要使用新技術，說不定會因而失去深思熟慮的餘地。我們在電腦社會中落後於人，要是特地確保思考的時間，就趕不上陸續推出的新軟體和新型資訊處理方法了。

約二十五年前我還是研究生時，只有大型電腦，程式也要用打孔機打洞輸入到專用卡上，逐一提交給計算中心。之後出現能夠從終端機讀取程式再計算的任務狀態段（TSS，Task-State Segment；按：能夠指出工作執行空間的位址並存放工作的狀態；如果系統中有多個工作也能連結起來）。另一方面，大型電腦則演變成個人擁有的工作站，然後再「演化」到個人電腦（這就跟生命的「演化」很類似，從單細胞負擔所有功能的時代變成多細胞，讓每個細胞做專業的工作）。

現在，個人電腦不只可以計算，還能用來做文書處理、試算表、英文打字及圖表製作。透過網路之後，連信件、圖片、照片和聲音都可以跟人交換。個人電腦集鉛筆盒、電子計算機、圓規和尺、電話、打字機、照片底片及其他各種工具為一身。然而，要將這些工具活用自如，就必須耗掉相當的時間。假如捨不得花時間，個人電腦就只不過是個電腦盒。當然，學會之後用起來更輕鬆，然而在必須常常追求技術的時代中，真正的智慧會開花結果嗎？這是我擔心的事情（或許這只是一個老頭子碎碎念）。

「資訊革命」的問題

另一點要注意的則是「資訊革命」的問題。雖然知道資訊也會很開心，感到充實，但若沒有使用就不會產生價值。這和錢很像。所以，要是沒有有效使用資訊，革命就不會發生。要是人類的智慧水準沒有提升，就不能有效使用資訊。換句話說，不只是要將技術活用自如，還要以廣闊的視野看世界，不能缺少深刻洞察將來的能力。除非資訊革命提升人類的水準，否則就只會生出「資訊宅」。最後，不但能夠有效運用資訊的大企業和政府獲得利益，新人類開拓不出可能性，國境的障礙也無法打破，跟現在的狀態本質上相同。換句話說，個人有效使用資訊而不埋沒的能力，堪稱是二十一世紀亟需的本領。

再補充幾句，許多人幻想進入資訊化社會之後，所有工作就可以在桌上做，三K（辛苦〔kitsui〕、骯髒〔kitanai〕、危險〔kiken〕的日文發音縮寫）的工作則會消失，然而這是錯的。的確，有時就算沒有每天去公司和學校，也可以工作和學習。不過，製造個人電腦的人、運送產品的人、建造及整備運輸道路（卡車）和鐵路（鐵路貨車）的人、製造資材的人、挖掘出原料的人。一臺個人電腦是為數眾多的人勞動的結晶，勞動本身絕對不會消失。我們生活當中需要食物、住宅、衣服、電力，所有東西的確都需要勞動。我們必須徹底認清，資訊革命是通訊方式的革命，而非改變生活和勞動的革命。

生化科技與我們

第四章談到ＤＮＡ的發現揭開了生物遺傳與演化的機制。ＤＮＡ上的鹼基排列方式決定了胺基酸，胺基酸的組合則決定了蛋白質的形成。另外，生體是由蛋白質架構而成。所以只要知道ＤＮＡ上鹼基的排列方式製造出什麼樣的蛋白質，就可以解讀遺傳資訊。

一旦能夠解讀之後，可以預期的是就能治療遺傳病。某個嚴重的疾病會遺傳，是因為基因ＤＮＡ上的鹼基排列方式出了問題。只要替那部分的鹼基改變排列方式，以免罹患疾病就可以了。醫生就在這種觀念之下實施基因治療。科學家發現將基因某個部位裁切的「剪刀」，將別的東西搬到那裡的「走私客」，以及連接兩者的「膠水」。雖然還沒有百分之百確定，不過藥物治不好的遺傳病確實有方法有效治療。

創造出自然界不存在的生物

那麼，問題是否僅限於基因治療呢？實際上，科學家正嘗試藉由創造出有益的藥物和農作物，像是由大腸菌製造及量產胰島素、干擾素，以及其他能當作醫藥品來用的蛋白質，或是製造帶有抵抗基因的小麥和番茄防治細菌和病毒等。另外，從選擇某種遺傳特性（像是泌乳多的牛）上來看，則還有植入基因創造複製生物的趨勢。反倒是這方面變成生意之後，許多製藥、食物、化學和種苗公司就積極從事基因操縱了。

再者，這種號稱生化科技的技術當中不但有基因操縱，還有將異種細胞融合的技術叫「細胞融合」（cell fusion）和「體細胞雜種培育」（somatic hybridization）。科學家成功在實驗中融合倉鼠跟老鼠、老鼠跟人類，以及其他異種動物的細胞。據說這些還停留在調查基因功能的實驗階段當中。人類試圖活用兩者的優點創造新品種作物，像是具備類似馬鈴薯的地下莖卻會結出像是番茄果實的「馬鈴茄」（pomato），以及同時擁有橘子風味和枳橙香氣的「橘枳」（oretachi）。實際上，雖然人類成功創造出這類新品種作物，活用兩者優點的企圖卻失敗了。不過，研究仍在持續進行當中。

像這樣透過生化科技，就只會創造出自然界不存在且具有新功能的蛋白質和生物，以及對人類有用的單一品種生物。這種生物在生態系和自然環境當中會有什麼動作，純度低的蛋白質是否會引發疾病，會不會產生新的病毒，品種受限後會不會因為突發的異變而滅絕，將會發生許多意想不到的問題。實驗用的新型病毒就曾經真的從實驗室外洩，為人類帶來損失。這搞不好會引發「生物災害」。

「上帝之手」落到人類手中

再者，假如這項技術適用於人類的話會變成怎樣？這不僅限於治療遺傳疾病，連各種遺傳素質都會落入人類的手裡。從試管嬰兒到體外受精，操作生殖細胞的技術已經廣為普及。何況，選擇生男生女和複製人並非科幻世界才有，而是在技術上可行。以往是由所謂的「上帝之手」決定會生出怎樣的孩子，現在則落到人類之手。

究竟要不要允許這種事情發生？開始之前需要嚴謹地討論。一旦推動科學技術化之後，往往短期之內就會在獲得眾人同意之前擴展開來，成為既成事實（像是核能的開發及人工生殖等）。雖然現在規定除了遺傳疾病之外，不得操控人類的生殖細胞，但也可能會出現違反協議的人。影響很大就代表這是有力的技術，所以才要認真討論該允許到什麼程度，從哪個地方絕對不能碰，這是二十一世紀要面臨的重大課題。

「對話的科學」

儘管是在思考二十一世紀的科學和技術，到頭來會發現，關鍵是如何有效運用與我們併肩的科學和技術。因此就需要常常在眾人之間透過對話形成共識，而不是將科學和技術的內容及推動方法交給專家。專家要說明科學新知和技術力的侷限，大眾則要在了解侷限的同時選擇是否該推動。

當然，現在在形式上也採取那種方法。政府聽取專家的意見在審議會上研討方案，該方案會經由代表民眾的議會討論後，在取得共識之下推動。但是，其中似乎還有未盡之處。從愛滋藥害問題當中也可以發現，這種方式沒能有效發揮功用。

現在審議會的討論並未公開，由官僚主導，會議上全是專家。原則上對社會及人類帶來重大影響的問題必須公開，藉由公開及廣泛討論，科學技術的內容就會變得豐富。再者，就算是科學上的問題，也不只專家要管，外行的民眾更需要參與討論。要放下行政的立場和專業的範圍，重視從民眾觀點提出的意見。

另外，除了審議會之外，最好是可以設置獨立於行政的「第三者評價委員會」。這個機關要依照問題讓各個領域的人參與，檢視審議會討論的內容。專家迫切需要以淺顯易懂的方式告訴這些人科學的內容。正因為做了這樣的努力，民眾才會接受會帶來大幅影響的政策。

與民眾對話的科學家

因此，民眾和科學家從平常就需要持續對話。科學家必須接受訓練，以淺顯易懂的方式談論自己在做的研究內容，從中獲得的見解和知識的侷限。要在不用算式和專業術語之下談論科學是一項難題，但這才是關鍵。照理說實際反覆思量之後，就會發現日常生活中類似的現象也很多，也不會覺得那麼突兀了。二十一世紀需要的就是會和民眾對話的科學家。科學家和民眾必須結為一心，面對地球上發生的難題。我所謂的「對話的科學」，就包含了這樣的想法。

我有很多機會在各種演講中談論宇宙論和環境問題，但也有人告訴我，以往自己雖然討厭科學，聽了我的演講之後卻改觀了。這讓我不禁反省，難道讓科學遠離大眾的人，就是科學家嗎？

第六章

寫給肩負未來的你們

如何學習科學

日本的學校即將實施一周上課五日制。授課時數會減少，用在理科的時間似乎也會減少。這麼一來，說不定實驗的時間會更加縮水，變成填鴨式教學。理科（科學）有很大的一部分在於累積，要是只有斷斷續續的教學，搞不好連理解都會變得很困難。雖然覺得前途黯淡無光，但要請各位運用增加的周休二日，把握機會，讓科學變得更親近。

利用科學館

其中一個方法，是利用興建在各地的科學館、天象儀、天文臺和博物館。和我小時候相比，現在這類設施的確很豐富，能夠自己做各種實驗，用大型望遠鏡看星星。另外，博物館也並非單純蒐集古物，而是會依照學術的發展舉辦新展覽，設法規畫人人都可以參加的活動。這種設施跟單純閱讀教科書不同，還可以觀看、觸摸和操控實物，能夠親身體驗科學。

前往這種設施時，最好要事先記得幾個祕訣。第一個祕訣是必須跟朋友一起去。跟朋友對著一件件展覽品討論「為什麼是那樣」「會變得怎樣」，同時觀看及操控之後，就會有意想不到的發現。假如有不懂的地方，大方詢問館員也是祕訣之一。反正館員就等著別人來提問，而且透過說明自己也會有所獲益。要講解得親切、淺白而正確，就必須充分掌握內容。只要跟館員打好關係，說不定連平常看不到的地方也會開放觀賞。難得有設施可以參觀，要是沒有盡量利用和徹底了解，那就虧大了。

嘗試閱讀第一線研究的解說類書籍

另外，要知道科學的第一線上在進行什麼樣的研究，閱讀筆調親切的書籍也很有意思。現在科普和科學叢書這類出成系列作的好書不少，幫我出版著作的岩波書店，有一個書系名為「Junior 新書」，當中也有許多有趣的科學書籍。其實我也是先從「Junior 新書」這個書系學習非本科的科學項目。書中幾乎不用算式，以親切的詞彙寫出困難的概念，內容淺顯易懂。作者寫這種書所花的時間，應該比專家取向的書籍還要多。從中知曉第一線的研究之後，或許就會懂得科學是以什麼為目標。

嘗試思考身邊的事物

還有一個祕訣，是閱讀會思考身邊事物的書籍，像是廚房的科學或玩具的科學，再自行嘗試。冰淇淋天婦羅的油炸法、爬樓梯玩具的構造、冷氣和冰箱的原理、鞦韆為什麼會搖晃，就算是覺得理所當然的事情，仔細思考，就會發現其實有很多不可思議的事情。這些和發生在各地的物理現象並不是沒有關係，冷氣、玩具飲水鳥和地球的水循環都是同樣的原理。明白這些之後，想必就會發現，哪怕是看起來相當複雜的現象，也能透過極為單純的原理進一步了解。或許還會覺得自己似乎可以看透這世界。

掌握基本原理：科學家就是偵探

無論基本原理是什麼，以什麼定律在運作，屬於什麼樣的運動（現象），都能一以貫之去理解，這就是「知道」。最重要的是牢牢掌握基本原理，嘗試思考「原因是什麼」。這是物質的特性、結構、運動，還是變化？要建立各種假設再做推理。這是不是很像推理小說的偵探或刑警呢？沒錯，科學家就是俗稱的偵探。理論家就像是坐在安樂椅的偵探，實驗家就像是憑著雙腳在現場到處奔走的刑警。原理是動機，定律是人際關係，現象是犯罪行為，牽強附會是絕對行不通的！

將嶄新的風氣帶進科學中

我想特別在這本書上談的是，現在科學和技術的方法和觀念，正在大幅轉型。

化約主義的方法是將複雜的現象擺在眼前，查驗更基本的物質結構和運動。與此同時，直接接受多樣性和複雜性掌握整體的方法也正在開發。於是就產生出研究混沌和碎形的科學，以往從未碰過這些議題。研究對象在擴大，發現到關於物質和運動的新概念。

另外，以往的技術一面倒朝巨大化和集中化的電力能源發展，現在則開始走向小規模化和分散化，連生體反應都利用。如今正在摸索同時善待自然和人類的技術方法。雖然還必須從基礎研究開始累積，不過，「與自然共生」的概念，讓人類首次有機會對這種技術改觀，再重新出發。

只要轉換成嶄新而規模適中的科學和善待自然的技術，科學和技術將會變得多麼親近呢？要拯救地球的危機，就要繼承以往科學和技術的成果，然而要在不受其侷限的情況下，創造構想嶄新的科學和技術。

將嶄新的風氣帶進科學中，讓轉型的時代更進一步大幅發展的人，就是肩負未來的你們。

參考書目

第三章、第四章

《艾西莫夫的科學探索史綱》（暫譯，原名 *Asimov's Chronology of Science and Discovery*）以撒・艾西莫夫著（日文書名『アイザック・アシモフの科学と発見の年表』，丸善出版）

第四章

《碎形》（暫譯，原名『フラクタル』）高安秀樹著（朝倉書店）

《混沌》（暫譯，原名『カオス』）合原一幸著（講談社）

《形的探究》（暫譯，原名『「かたち」の探究』）高木隆司著（鑽石社）

第五章

《環境學》（暫譯，原名『環境学』）市川定夫著（藤原書店）

《微型機器》（暫譯，原名『マイクロマシン』）那野比古著（講談社現代新書）

三角數

$n(1)=1$　$n(2)=3$　$n(3)=6$　$n(4)=10$

同樣地，四角數是像 1,4,9,16,25 這樣，將圓點排列成正方形時的圓點數。所以四角數可用以下算式表示：

$n(k)=k^2$

四角數

$n(1)=1$　$n(2)=4$　$n(3)=9$　$n(4)=16$

這道牛群問題的正確解答於一九八一年公開，超級電腦計算出來的數列印出四十七張紙，龐大的數字高達二十萬六千五百四十五位數。這樣看來，阿基米德是知道答案才出題的嗎？

以上節錄自《阿基米德的報復》（暫譯，原名 *Archimedes' Revenge*，保羅．霍夫曼〔Paul Hoffman〕著，白楊社）

附錄　阿基米德的牛群問題

西西里島特里納克里亞的荒野上有吃草的牛群，按毛色可分為白色、黑色、黃色和雜色共四種，公母雜處，求滿足以下條件的牛隻數量（各色公母匹數皆為八隻）。

1　白色公牛數＝黃色公牛數＋（1/2 ＋ 1/3）黑色公牛數
2　黑色公牛數＝黃色公牛數＋（1/4 ＋ 1/5）雜色公牛數
3　雜色公牛數＝黃色公牛數＋（1/6 ＋ 1/7）白色公牛數
4　白色母牛數＝（1/3 ＋ 1/4）黑牛群
5　黑色母牛數＝（1/4 ＋ 1/5）雜牛群
6　雜色母牛數＝（1/5 ＋ 1/6）黃牛群
7　黃色母牛數＝（1/6 ＋ 1/7）白牛群
牛群是各色公牛數和母牛數的總和。

針對八個未知數只提供七個條件，這樣答案就不是定值，所以要增加以下條件：
8　白色公牛數＋黑色公牛數＝四角數
9　雜色公牛數＋黃色公牛數＝三角數
三角數是像 1,3,6,10,15 這樣，將圓點排列成三角形時的圓點數。所以當 $k = 1,2,3\cdots\cdots$時，三角數可用以下算式表示：
$n(k) = k(k+1)/2$

致謝

我在一九九五年年底，接受本書執筆的工作。爾後這兩個月當中，大學的入學考、畢業審查及其他年度尾聲的的行程繁忙，幾乎沒辦法撰稿。所以當責任編輯問我，能不能在約好的三月底之前完成時，我含糊回答：「我會努力，但不敢保證。」當時我完全沒把握能不能撥空寫書。總之就先替該寫的項目和花絮做筆記，整體的構想就只在腦中思考。其實問題不只是忙碌，究竟能不能將這本《科學思考法和學習法》（本書日文原書名）從頭寫到尾，我也沒有自信。或許是擔心陷入僵局，沒能著手去做。這就像是遇到不擅長和討厭的科目時，就拖延不唸一樣。

然而，進入三月之後，總算可以爭取到足夠的時間，不能永遠逃避，於是就打定主意一鼓作氣寫出來。我不去開會，日夜顛倒，每天寫四百字的稿紙將近二十張，不到兩個星期就寫完了。我還是第一次在這麼短的時間內寫書。這段期間，我幾乎不去想其他事情，唯獨專心在原稿上。先前寫好的部分也沒有重讀，就這樣不斷寫下去，勉強趕在三月底完成。短短時間就能寫出符合自己水準的佳作，感到很充實。能夠將整個內容寫成一套體系。

不過，我也擔心會漏寫重要的問題。或許是因為腦子受到刻板印象的影響，失去以客觀的立場綜覽全貌的餘裕。

我擔心的其中一件事，就是沒能完全扣緊科學「學習法」這個書名的主旨。回想起來，實際上我對「學習法」沒有心得，也認為沒有馬上見效的學習法，但在稍微仔細想過之後，就覺得應該要寫「學習的本質」才對。我想要把這個主題當成自己下次的課題。

另一件擔心的事，則是我或許該準備花絮和實例，讓讀者在科學廣大的範圍中增廣見聞。書中的內容是以物理學和天文學的話題為中心，不常介紹生物、化學、醫學和其他眾多工科領域的歷史和觀念。當然，癥結在於我才疏學淺，然而很多難得知道的事情也沒能有效利用。這樣就算不上是真正的知道。以更寬廣的視野掌握科學的全貌，這也變成了我接下來的課題。

無論如何，我在撰寫原稿的同時獲益良多，能夠隱約掌握科學的架構和歷史。另外，這也的確是個好機會，可以反省現在科學和技術的實況，思考自己希望科學在未來會變得怎樣。我深深明白即使覺得籠統，然而一旦要寫成文章，就必須好好深入思考。果然「書寫」是相當重要的事情。

另外，我從這次的執筆工作中發現，就算覺得不擅長，但若專注，強迫自己要埋頭苦幹，就能勉強弄出成果。當時我體會到，哪怕別人怎麼說自己，但只要自己決心要面對，努力就不會白費。我看過幾本科學研究的書籍，卻不覺得自己寫得出來。因為以前沒訓練過如何看透茫茫科學的內涵和方法。然而，到了我這個年紀之後，這就不成理由了。找理由就像在逃避一樣，前人應該要留下訊息，告訴下一代如何思考科學。雖然有許多課題留待探討，不過嘗試寫這本書，真是太好了。

言歸正傳，這本書強調科學也有清晰的結構，要追溯結構以觀察全貌。「科學的智慧」並非知識的集大成，而是有效運用科學具備的邏輯，形成「看見『看不見』的東西」，也就是「即使看不見，也能透過科學了解」的力量。一旦掌控這種力量，不只是科學，還能適用在各種領域上。同時還可以充分了解「什麼知道，什麼不知道」，讓洞見未來的觀點更為明確。就算沒依靠別的宗教，也能憑自己的力量想像未來，或是具備分辨「什麼是真，什麼是假」的眼光。

話雖如此，但也不代表學了科學就夠了。反而還需要放眼文化、社會和歷史，牢牢掌握科學和技術發揮了什麼力量，每個時代的社會和人類如何看待科學，站在人類的角度替科學定位。以全盤的眼光看事情，才會明白科學應有的模樣，以及從事科學的人要負擔多大的責任。

這本書主要是為了你們這些肩負二十一世紀的年輕人而寫，試圖從現代科學家的角度留下訊息，期許和勉勵未來的科學家。到底能不能真的激勵人心呢？儘管沒有十足的把握，但若能在你們思考未來之際稍微有所啟發，則屬萬幸。

最後我要感謝岩波書店旗下書系「岩波 Junior 新書」編輯部建議我寫這本書，以及幫忙整理原稿的伊藤耕太郎先生。

一九九六年四月

作者

圖表索引

國家圖書館出版品預行編目資料

科學素養 : 看清問題的本質、分辨真假，學會用科學思考和學習 / 池內了著 ; 李友君譯. -- 二版. -- 臺北市 : 經濟新潮社出版 : 家庭傳媒城邦分公司發行, 2024.12
224面 ; 14.8×21公分. --（自由學習 ; 20）
譯自 : 科学の考え方・学び方

ISBN 978-626-7195-82-6（平裝）

1.CST: 科學 2.CST: 科技素養 3.CST: 文集

307 113017483